"十三五"国家重点出版物出版规划项目

增材制造技术丛书

增材制造材料与零件无损检测技术

Nondestructive Testing Technology for Additive Manufacturing Materials and Parts

史亦韦 杨平华 陈子木 梁菁 著

国防工业出版社

·北京·

内 容 简 介

本书介绍了国内外增材制造制件无损检测技术研究的现状和发展趋势，针对激光和电子束熔融沉积、激光和电子束选区熔化、电弧熔丝沉积等几种典型金属增材制造工艺制成的材料与制件，给出其形成的微观组织及缺陷的特点，以及多种常规无损检测手段在检测增材制造零部件时存在的特殊问题，介绍部分典型增材制造材料及零件的无损检测解决方案；同时，介绍目前针对增材制造制件在线和离线检测所研究的多种先进检测技术的原理和进展情况。此外，针对增材制造材料缺陷对性能的影响，介绍相关研究情况，给出增材制造材料质量判定标准的研究方法。

本书可为从事增材制造技术研究、增材制造制件设计和应用的人员提供参考，也可为从事增材制造制件无损检测技术研究和产品检测人员提供借鉴。

图书在版编目(CIP)数据

增材制造材料与零件无损检测技术/史亦韦等著
.—北京：国防工业出版社，2021.11
（增材制造技术丛书）
"十三五"国家重点出版项目
ISBN 978-7-118-12436-1

Ⅰ.①增… Ⅱ.①史… Ⅲ.①快速成型技术-应用-工程材料②机械元件-检测 Ⅳ.①TB3②TH13

中国版本图书馆 CIP 数据核字(2021)第 228460 号

※

国防工业出版社出版发行
（北京市海淀区紫竹院南路 23 号　邮政编码 100048）
雅迪云印（天津）科技有限公司印刷
新华书店经售

*

开本 710×1000　1/16　印张 16　字数 284 千字
2021 年 11 月第 1 版第 1 次印刷　印数 1—3000 册　定价 122.00 元

（本书如有印装错误，我社负责调换）

国防书店：（010）88540777　　书店传真：（010）88540776
发行业务：（010）88540717　　发行传真：（010）88540762

丛书编审委员会

主任委员
卢秉恒　李涤尘　许西安

副主任委员（按照姓氏笔画顺序）
史亦韦　巩水利　朱锟鹏
杜宇雷　李　祥　杨永强
林　峰　董世运　魏青松

委　员（按照姓氏笔画顺序）
王　迪　田小永　邢剑飞
朱伟军　闫世兴　闫春泽
严春阳　连　芩　宋长辉
郝敬宾　贺健康　鲁中良

总 序

Foreword

增材制造(additive manufacturing,AM)技术,又称为3D打印技术,是采用材料逐层累加的方法,直接将数字化模型制造为实体零件的一种新型制造技术。当前,随着新科技革命的兴起,世界各国都将增材制造作为未来产业发展的新动力进行培育,增材制造技术将引领制造技术的创新发展,加快转变经济发展方式,为产业升级提质增效。

推动增材制造技术进步,在各领域广泛应用,带动制造业发展,是我国实现强国梦的必由之路。当前,推动制造业高质量发展,实现传统制造业转型升级等,成为我国制造业发展的重中之重。在政府支持下,我国增材制造技术得到了迅速的发展,增材制造技术与世界先进水平基本同步,高性能复杂大型金属承力构件增材制造等部分技术领域已达到国际先进水平,已成功研制出光固化成形、激光选区烧结成形、激光选区熔化成形、激光净成形、熔融沉积成形、电子束选区熔化成形等工艺装备。增材制造技术及产品已经在航空航天、汽车、生物医疗等领域得到初步应用。随着我国增材制造技术蓬勃发展,增材制造技术在各领域方向的研究取得了重大突破。

增材制造技术发展日新月异,方兴未艾。为此,我国科技工作者应该注重原创工作,在运用增材制造技术促进产品创新设计、开发和应用方面做出更多的努力。

在此时代背景下,我们深刻感受到组织出版一套具有鲜明时代特色的增材制造领域学术著作的必要性。因此,我们邀请了领域内有突出成就的专家学者和科研团队共同打造了这套能够系统反映当前我国增材制造技术发展水平和应用水平的科技丛书。

"增材制造技术丛书"从工艺、材料、装备、应用等方面进行阐述，系统梳理行业技术发展脉络。丛书对增材制造理论、技术的创新发展和推动这些技术的转化应用具有重要意义，同时也将提升我国增材制造理论与技术的学术研究水平，引领增材制造技术应用的新方向。相信丛书的出版，将为我国增材制造技术的科学研究和工程应用提供有价值的参考。

卢秉恒，中国工程院院士，西安交通大学教授。

前 言
Preface

  增材制造技术的出现被认为是21世纪机械制造工业领域中的一次跨时代的工艺技术革新,给现代社会带来了强大的冲击和震撼。其中,金属的增材制造技术与锻压+机械加工、锻造+焊接等传统金属制件制造技术相比,具有无需刀具和模具、材料利用率高、产品制造周期短、可实现复杂结构的制造等优势,尤其适用飞机、飞船、导弹、卫星等航空航天国防装备大型复杂金属结构件的低成本、短周期、快速成形制造,显示出了巨大的发展潜力和广阔的发展前景,近20年来成为国际材料加工工程与先进制造技术学科交叉领域的前沿研究热点之一。

  然而,增材制造技术应用于装备的一个重要前提是制造质量的可控性,与传统的制造工艺一样,必须确保制造出来的产品具有预期的性能和完整性。无损检测技术以其不破坏制件预期用途,可逐件检测材料和制件内部缺陷与结构的特性,成为确认制造工艺和评价制件质量的重要技术手段。

  随着增材制造技术在重要装备上的应用开发,制件的质量评价技术和标准成为人们关注的焦点。近年来,围绕不同增材制造工艺制件成形过程中产生的缺陷、结构完整性及残余应力等可能影响产品使用性能的问题,国内外均开展了无损检测技术的研究,包括突破传统的无损检测方法在增材制造制件检测中的应用难点,探索新型无损检测技术在增材制造领域特殊应用等,在这些研究的基础上,针对检测技术应用需求，逐步形成了检测标准。

本书围绕金属增材制造制件中缺陷、结构和残余应力的无损检测技术，介绍不同增材制造工艺制件的特点，常规无损检测方法应用于增材制造检测时的特殊问题和研究成果，以及部分先进无损检测技术在增材制造制件检测中的特殊应用及研究现状。

本书汇集了国内外增材制造无损检测相关研究报道，重点介绍了中国航发北京航空材料研究院近十余年的相关研究成果。全书共 9 章，第 1 章为增材制造技术发展与无损检测研究现状，由史亦韦、杨平华、梁菁撰写；第 2 章为金属制件常规无损检测技术简介，由王倩妮撰写；第 3 章为主要增材制造工艺的无损检测特点，由杨平华、史亦韦、陈子木撰写；第 4 章为超声相控阵技术在增材制造检测中的应用，由杨平华、徐娜、梁菁撰写；第 5 章为工业 CT 技术在增材制造检测中的应用，由陈子木、史亦韦撰写；第 6 章为激光超声技术在增材制造检测中的应用，由王晓撰写；第 7 章为红外热像技术在增材制造检测中的应用，由刘颖韬撰写；第 8 章为增材制造制件残余应力的检测，由王晓撰写；第 9 章为增材制造制件缺陷评判标准，由杨平华、史亦韦撰写。史亦韦、梁菁负责全书统稿和定稿。

在本书涉及的研究工作中，任学冬、史丽军、马海全、高翔熙、胡振伟、乔海燕、韩波等也做出了贡献，在此表示感谢。

由于增材制造领域无损检测技术的研究和应用时间尚短，技术应用的经验不够充分，书中难免存在一些认识上的不足，望读者予以指正。

作者
2021 年 1 月 22 日

目 录
Contents

第 1 章　增材制造无损检测的发展现状

1.1　增材制造技术的发展 …………………… 001

1.1.1　增材制造技术的特点 …………… 001
1.1.2　增材制造技术国内外发展现状 …… 002

1.2　增材制造制件无损检测技术的发展
　　 现状与未来趋势 ………………………… 006

1.2.1　增材制造制件无损检测技术难点 … 006
1.2.2　增材制造制件无损检测技术研究进展 … 007
1.2.3　无损检测标准的发展 ……………… 010
1.2.4　增材制造制件无损检测技术的未来
　　　 发展趋势 ………………………… 013

参考文献 ……………………………………… 014

第 2 章　金属制件常规无损检测技术简介

2.1　超声检测的原理、特点和应用 ………… 017

2.1.1　超声检测原理 …………………… 017
2.1.2　超声检测的特点 ………………… 020
2.1.3　超声检测的应用 ………………… 021

2.2　射线检测的原理、特点和应用 ………… 026

2.2.1　射线检测原理 …………………… 026
2.2.2　射线检测的特点 ………………… 028
2.2.3　射线检测的应用 ………………… 028

2.3　磁粉检测的原理、特点和应用 ………… 031

2.3.1　磁粉检测原理 …………………… 031
2.3.2　磁粉检测的特点 ………………… 033

2.3.3　磁粉检测的应用 …………………………………………… 034

2.4　渗透检测的原理、特点和应用 ………… 035

2.4.1　渗透检测原理 …………………………………… 035
2.4.2　渗透检测的特点 ………………………………… 037
2.4.3　渗透检测的应用 ………………………………… 037

2.5　涡流检测的原理、特点和应用 ………… 040

2.5.1　涡流检测原理 …………………………………… 040
2.5.2　涡流检测的特点 ………………………………… 042
2.5.3　涡流检测的应用 ………………………………… 042

参考文献 ………………………………………………… 043

第3章
主要增材制造工艺制件的无损检测特点

3.1　激光直接沉积工艺制件的无损检测 ……… 045

3.1.1　激光直接沉积工艺简介 ………………………… 045
3.1.2　激光熔粉直接沉积制件的显微组织 …………… 046
3.1.3　激光熔粉直接沉积制件的主要缺陷 …………… 052
3.1.4　激光熔粉直接沉积制件的无损检测特点 ……… 054
3.1.5　典型制件的无损检测方案 ……………………… 065

3.2　电子束熔丝工艺制件的无损检测 ………… 074

3.2.1　电子束熔丝工艺简介 …………………………… 074
3.2.2　电子束熔丝制件的显微组织 …………………… 076
3.2.3　电子束熔丝制件的主要缺陷 …………………… 079
3.2.4　电子束熔丝制件的无损检测特点 ……………… 080
3.2.5　典型制件的无损检测方案 ……………………… 087

3.3　激光选区熔化工艺制件的无损检测 ……… 088

3.3.1　激光选区熔化工艺简介 ………………………… 088
3.3.2　激光选区熔化制件的显微组织 ………………… 090
3.3.3　激光选区熔化制件的主要缺陷 ………………… 092
3.3.4　激光选区熔化制件的无损检测特点 …………… 095
3.3.5　典型制件的无损检测方案 ……………………… 100

3.4 电子束选区熔化工艺制件的无损检测 …… 103
3.4.1 电子束选区熔化工艺简介 …… 103
3.4.2 电子束选区熔化制件的显微组织 …… 105
3.4.3 电子束选区熔化制件的典型缺陷及无损检测进展 …… 106

3.5 电弧熔丝工艺制件的无损检测 …… 110
3.5.1 电弧熔丝工艺简介 …… 110
3.5.2 电弧熔丝制件的组织、缺陷及无损检测进展 …… 111

参考文献 …… 114

第 4 章 超声相控阵技术在增材制造制件检测中的应用

4.1 超声相控阵技术原理 …… 116
4.1.1 超声相控阵检测原理概述 …… 116
4.1.2 超声相控阵发射和接收 …… 117
4.1.3 超声相控阵的扫描模式 …… 117
4.1.4 超声相控阵探头的种类 …… 119

4.2 超声相控阵技术在增材制造制件检测中的应用 …… 121
4.2.1 超声相控阵在 A-100 钢电子束熔丝成形制件中的应用初探 …… 121
4.2.2 超声相控阵在钛合金激光熔粉成形大厚度制件中的应用 …… 123
4.2.3 超声相控阵技术在增材制造制件检测中的应用前景分析 …… 128

4.3 超声相控阵全矩阵聚焦技术 …… 129
4.3.1 全矩阵数据采集 …… 129
4.3.2 全聚焦方法 …… 130
4.3.3 相控阵线形阵列换能器的检测试验 …… 131
4.3.4 超声相控阵全矩阵聚焦技术的未来优势 …… 133

参考文献 …… 133

第 5 章
工业 CT 检测技术在增材制造检测中的应用

5.1 概述 …………………………………… 134
  5.1.1 工业 CT 简介 ………………………… 134
  5.1.2 增材制造的工业 CT 检测技术需求 …… 136
5.2 复杂精细结构内部缺陷的检测 ………… 138
  5.2.1 主要难点及国内外研究现状 ………… 138
  5.2.2 精细结构内部缺陷 CT 成像的优化 …… 141
  5.2.3 增材制造缺陷的图像识别和统计方法 … 144
5.3 复杂精细结构成形尺寸的测量 ………… 149
  5.3.1 主要难点及国内外研究现状 ………… 149
  5.3.2 工业 CT 尺寸测量的关键因素 ……… 151
  5.3.3 结构形变评价方法 …………………… 163
5.4 激光增材制造材料密度测量技术 ……… 169
  5.4.1 概述 …………………………………… 169
  5.4.2 材料密度工业 CT 测量方法 ………… 169
参考文献 ………………………………………… 175

第 6 章
激光超声检测技术在增材制造检测中的应用

6.1 概述 …………………………………… 177
6.2 激光超声检测技术原理 ………………… 177
  6.2.1 激光超声的激励机制 ………………… 178
  6.2.2 激光超声的接收方式 ………………… 181
  6.2.3 激光超声系统的主要技术难题 ……… 188
6.3 增材制造制件的激光超声检测 ………… 188
  6.3.1 激光超声检测复杂曲面制件 ………… 188
  6.3.2 激光超声在线检测增材制造制件 …… 190
参考文献 ………………………………………… 193

第 7 章 红外热像检测技术在增材制造检测中的应用

7.1 概述 …… 195

7.2 红外热像检测技术原理 …… 196

7.3 红外热像检测技术在增材制造在线控制中的应用 …… 198

参考文献 …… 202

第 8 章 增材制造制件残余应力的检测

8.1 概述 …… 204

8.2 残余应力无损检测的主要方法 …… 204

    8.2.1 X 射线衍射法 …… 204

    8.2.2 中子衍射法 …… 205

    8.2.3 磁测法 …… 207

    8.2.4 超声检测法 …… 207

8.3 增材制造制件的残余应力检测方法 …… 208

    8.3.1 通过测量应变检测应力 …… 208

    8.3.2 有限元模拟计算残余应力 …… 209

    8.3.3 钻孔法测量增材制造制件残余应力 …… 211

    8.3.4 X 射线衍射检测增材制造制件的残余应力 …… 212

    8.3.5 轮廓法检测增材制造制件残余应力 …… 214

    8.3.6 中子衍射检测增材制造制件残余应力 …… 215

参考文献 …… 219

第 9 章 增材制造制件缺陷评判标准的建立

9.1 概述 …… 221

9.2 主要增材制造工艺的缺陷特征和类别 …… 222

    9.2.1 主要缺陷的类别 …… 222

    9.2.2 成形工艺对缺陷特征的影响 …… 223

9.3 缺陷对力学性能的影响 …… 226

9.4 缺陷无损检测判定标准的建立 …………… 228

9.4.1 总体实现过程 ……………………… 228
9.4.2 激光熔粉沉积增材制造制件缺陷对疲劳寿命的影响 …………………… 229
9.4.3 电子束熔丝沉积增材制造制件缺陷对疲劳寿命的影响 …………………… 237

参考文献 …………………………………… 239

第1章 增材制造无损检测的发展现状

1.1 增材制造技术的发展

1.1.1 增材制造技术的特点

增材制造(additive manufacturing，AM)技术是一种以物体三维数字模型为基础，将粉末或丝状材料逐层堆叠，直接快速构造三维实体的新技术[1-3]。相对于传统对原材料去除的加工模式，这是一种通过材料累加成形的制造方法，使过去受到制造方式约束而无法实现的复杂结构件制造成为可能。

主要金属增材制造技术的基本流程是，首先在计算机中生成零件的三维CAD实体模型，其次将模型按一定的厚度切片分层，即将零件的三维形状信息转换为一系列二维轮廓信息，再次在数控系统的控制下，以激光、电子束、等离子束或电弧等高能束为热源，将粉末或丝材按一定的路径在一定的基材上逐点熔化沉积形成给定的二维形状，最后重复这一过程逐层堆积形成三维实体零件[4]。基本流程如图1-1所示。

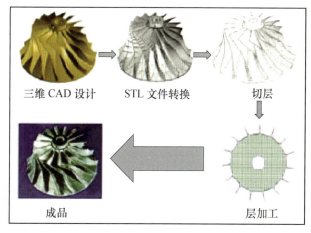

图1-1 增材制造的基本流程

与传统的成形技术相比,增材制造技术具有以下主要特点[5-8]:

(1)能实现快速原型制造。制造全过程简化为零件的计算机设计、近净成形毛坯和少量的机械加工三步,与传统加工技术相比省去了设计和加工模具的时间和费用,因此能够方便地实现多品种、小批量零件加工的快速转换,具有对构件结构设计变化的"超常快速"响应能力,缩短产品研制周期。

(2)零件设计与制造不受结构复杂程度的限制。不需模具,根据数模控制成形过程,可直接制造出具有复杂形状内腔以至封闭内腔的零件,使结构设计不再受制造技术的制约。

(3)可实现多种材料以任意方式复合的零件制造技术。采用增材制造技术,可根据零件的工作条件和服役性能要求,通过灵活改变局部沉积材料的化学成分和显微组织,实现多材料、梯度材料等高性能金属材料构件的直接近净成形。这一特点,是过去任何材料加工技术无法实现的。它给零件设计、减重、降低成本和最大限度发挥使用性能,开创了无尽的可能性。

(4)真正实现数字化、智能化加工。增材制造的零件设计、几何建模、分层和工艺设计全过程都在计算机中完成,实际加工过程由计算机控制,真正实现了加工的数字化、智能化。

(5)是一种优越的金属零件立体修复技术。由于增材制造的逐点成形特性,只要把缺损零件看作一种特殊基材,按缺损部位形状进行成形制造即可恢复零件形状。

由于其上述独特制造技术优势,增材制造技术被誉为是一种"变革性"的低成本、短周期、"控形/控性"一体化、绿色、数字制造技术,有望为国防及工业重大装备中大型难加工金属构件的制造提供一条新的技术途径。

1.1.2 增材制造技术国内外发展现状

目前用于装备制造的主要金属增材制造技术,自20世纪70年代末期开始[9],经过了几十年的研究和发展。至今,已在航空航天、国防军工、汽车行业、医疗行业、日用品行业等众多领域均有应用(图1-2)。尤其是航空航天领域,作为国家科技发展水平的一个标志,凝聚了所有的高精尖技术。随着新一代飞行器不断向高性能、高可靠性、低成本方向发展,越来越多的航空航天零部件趋向轻量化、高强度、复杂化特性发展,从而推动了增材制造技术的大发展。

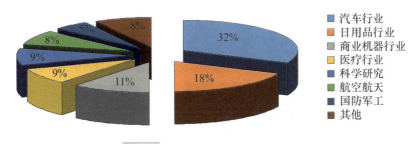

图 1-2　增材制造技术的应用领域

基于同轴送粉激光熔化沉积的致密金属零件激光增材制造技术在世界范围内引起了人们的高度关注，美国 Sandia 及 Los Alamos 等国家实验室、斯坦福大学、密西根大学，德国亚琛大学及弗朗霍夫激光技术研究所，英国焊接研究所、伯明翰大学等单位，以及国内的西北工业大学、北京航空航天大学、北京有色金属研究总院、清华大学等，已在航空航天大型复杂结构件的制造上取得了突破性进展，并成功实现了工程应用[6,19]，图 1-3 是具有代表性的制件。

图 1-3　美国 AeroMet 公司激光直接沉积制造 TC4 带筋壁板及推力梁试验件

在增材制造复杂结构的应用方面，德国弗朗霍夫激光技术研究所、英国 TWI 公司、英国利物浦大学以及国内高校和研究所，采用激光选区熔化（selective laser melting，SLM）技术研制出了涡轮叶片、导向叶片、整体叶轮、整体叶盘、涡流器、飞机前端锥、金属微热交换器等零部件，如图 1-4 所示。通用电气公司研制的增材制造燃油喷嘴（图 1-5），已安装到 LEAP 发动机上，实现喷嘴减重 25%。国内在 C919 飞机上已经应用了激光选区熔化制件。

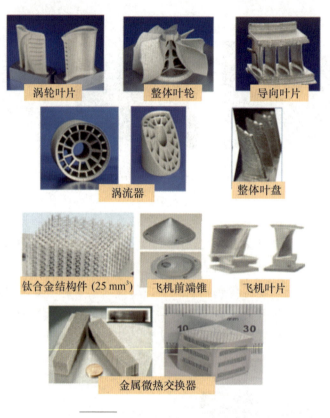

图 1-4　增材制造复杂结构制件

图 1-5
增材制造航空发动机燃油喷嘴

此外，电子束选区熔化成形（electron beam selective melting，EBSM）技术，近年来在航空航天领域的发展也十分迅速，意大利 AVIO 公司利用该技术成功地制备出了 Ti-Al 基合金发动机叶片，引起了航空制造界广泛关注。罗尔斯·罗伊斯公司在遄达 XWB-97 发动机研发过程中，包含的 48 个翼型导叶组件采用 EBSM 技术。霍尼韦尔公司首次采用 EBSM 技术制造出了以镍718 超合金为主要材料的 HTF7000 发动机的管腔。

美国麻省理工学院的 Dave 等提出了电子束熔丝沉积快速制造技术的概念，并采用该技术试制了镍基合金涡轮盘[10]。

美国 Sciaky 公司开发出电子束熔丝沉积工艺，已经成功制造了尺寸为 5.8m×1.2m×1.2m 的钛合金零件（图 1-6）。

图 1-6
美国 Sciaky 公司制造的大型航空零件

英国克莱菲尔德大学采用 MIG 电弧增材制造技术制造了钛合金大型框架构件（图 1-7）。欧洲空中客车（Airbus）公司、庞巴迪（Bombardier）公司、英国宇航系统（BAE system）以及洛克希德·马丁英国（Lockheed Martin-UK）公司、欧洲导弹生产商（MBDA）和法国航天企业 Astrium 等，均利用该技术实现了钛合金以及高强度钢材料大型结构件的直接制造，大大缩短了大型结构件的研制周期。

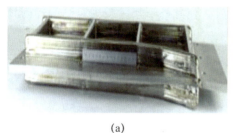
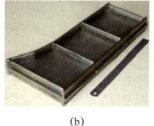

(a)　　　　　　　　　　(b)

图 1-7　电弧增材制造钛合金大型框架构件
(a)成形态；(b)机械加工后。

1.2 增材制造制件无损检测技术的发展现状与未来趋势

1.2.1 增材制造制件无损检测技术难点

尽管国内外在增材制造制件的成形及应用研究方面取得了大量成果,但距离增材制造制件在航空航天等关键领域的大量应用还存在较大差距。对内部质量和内应力的控制,以及成形件尺寸精度的评价等问题是增材制造技术面临的巨大挑战,也是制约该技术走向广泛应用的瓶颈之一,急需开展系统化的检测与评价方法研究[11-12]。

金属增材制造采用逐点或逐层堆积材料的方法制造金属制件,属于离散、堆积成形的"增材"方法,其与传统的去除成形(车、铣、刨、磨等)和受迫成形(锻压、铸造粉末冶金)等"减材"制造方法存在本质上的不同。由于增材制造成形工艺的特殊性,导致增材制造金属制件具有不同于传统金属制件的特点,从而给制件的检测带来难度。

从制件的结构特征来看,金属增材制造构件无损检测的难点主要表现在以下几方面:

(1)增材制造制件的结构复杂性导致常规检测手段面临可达性差、检测盲区大等问题,给缺陷的无损检测带来很大挑战。

(2)增材制造大型整体结构具有零件尺寸大、以框梁结构为主等特点,这一方面要求具备大型检测设备,另一方面框梁结构导致无效扫查区域大,降低检测效率,因此,需要研究开发适应于大型结构件的检测设备及检测方法。

(3)增材制造精细结构的复杂性,使其外形尺寸及内腔结构等的精密测量成为难点,需要采用更精密的无损检测技术。

从材料特征来看,金属增材制造制件的组织和缺陷特征也与传统制件不同,组织不均匀性及各向异性明显,给缺陷检测和判别带来困难;主要缺陷类型及分布特征等与传统制件差异较大,缺陷对性能的影响尚不可知,需重新建立验收标准。

此外,增材制造复杂的热循环过程带来复杂的残余应力,可能引起零件的变形,对疲劳性能产生影响,对其内部残余应力的无损分析和评价也是需要关注的问题。

1.2.2 增材制造制件无损检测技术研究进展

1. 离线检测技术

增材制造的离线检测是指制件完成成形过程、离开成形设备之后，对制件进行的检测。目前大多数检测工序均安排在产品成形后进行，即采用制造与检测过程相对独立的离线检测方式。通常用于金属材料和制件的常规无损检测方法均可用于增材制造制件的检测，这些方法包括超声检测、射线检测、渗透检测、磁粉检测和涡流检测等。但由于前面所述增材制造件的特点，在各种无损检测方法的应用过程中，需要有一些特殊的技术考虑和检测工艺要求。

沃尔沃航空公司的Nilsson等[13]采用超声涡流一体化自动检测设备和X射线检测设备，对增材制造TC4钛合金上的人工缺陷进行检测，并比较了超声、涡流、X射线检测方法对缺陷的检测效果。英国TWI的Rudlin等[14]在激光熔粉沉积镍基合金试样上制作人工缺陷，对涡流方法的检测能力进行试验表明，涡流检测对于$\phi 0.2mm$表面缺陷，以及1mm深度处$\phi 0.6mm$缺陷的检出率可达90%。北京航空制造工程研究所的韩立恒等[15]初步研究了超声相控阵检测技术在A-100钢电子束熔丝成形制件中的应用，结果表明：超声相控阵检测技术在A-100钢电子束熔丝成形件内部微裂纹检测和大厚度制件检测中有较好的应用效果，超声波入射方向和角度对于微裂纹的识别至关重要，成形件微观组织则对入射方向和角度的选择有较大影响。北京航空材料研究院也是国内最早开展增材制造制件无损检测技术研究的单位，自2007年起就针对多种牌号钛合金、铝合金、高温合金及高强钢等大型、复杂增材制造结构件开展了超声、射线、渗透等检测方法研究，形成了多项检测标准、论文、专利，研制了专用检测装置及对比试块等，并已应用于直接能量沉积及选区熔化增材制造航空零件的无损检测。

随着增材制造制件向复杂化、精细化方向发展，传统的检测技术已经不能满足制件的检测要求，CT检测技术在复杂制件检测方面的优势逐渐凸显。美国航空航天局（National Aeronautics and Space Administration，NASA）使用CT检测技术对大量增材制造制件进行缺陷检测，将传统的超声、X射线、涡流、渗透等技术作为辅助手段，同时，NASA还使用CT检测技术进行成形零件尺寸精度的测量[16]。Ziólkowski[17]、Zanini[18]等则采用 CT 检测技术对激光选区熔化制造的 316L 不锈钢零件和 Ti‐6Al‐4V 试样中的孔隙率、孔隙尺寸及取向等进行检测。Anton 等[19]采用μCT 检测技术成功检出了孔隙率仅为 0.005% 的激光增材制造钛合金复杂构件中采用常规方法难以检出的微孔隙,并对比了热等静压前后孔隙率的变化情况。北京航空材料研究院针对激光选区熔化钛合金和铝合金精细点阵等复杂结构,应用 CT 检测技术研究了缺陷分布和特征,精细结构尺寸检测方法,以及梯度材料的密度分布检测方法。

2. 在线检测技术

虽然传统的离线检测手段可以用于成形后铸件、锻件的检测,但增材制造制件的材料各向异性和结构复杂性,使得成形后的检测常常存在盲区,一些微小缺陷不能完全可靠地被检测,而增材制造过程缺陷的产生又几乎无法避免,这对于增材制造技术用于关键重要零件造成了障碍。许多企业和研究机构开始寻找增材制造制件生产过程中的在线无损检测方法,通过实时监控制件成形过程中的形状尺寸、组织、缺陷等异常,及时发现偏差并评价制件的成形质量,并有助于实现制造过程的闭环控制,随时做出工艺调整以减少废品的产生。

激光超声检测技术具有非接触、可检测复杂形状制件及对检测环境适应性强等优势,在增材制造制件的在线检测方面具有较大潜力。加拿大国家研究委员会采用激光超声结合 SAFT(合成孔径聚焦)的方式,成功地检测出了 718 合金及 TC4 钛合金中的气孔、未熔合、结合不良等缺陷,所检出的气孔缺陷尺寸约为 0.4mm,图 1-8 和图 1-9 所示分别为试样的激光超声及μCT

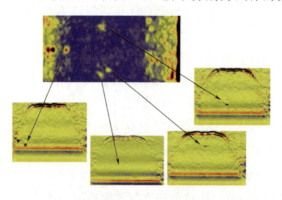

图 1-8 激光超声检测的 C 扫描及 B 扫描图像

检测结果,两者具有良好的对应性,证实了采用激光超声进行增材制造制件检测的可行性[20]。TWI 公司[21]制作了含有不同尺寸、不同位置人工伤的增材制造试样,采用激光超声技术检测出了镍基合金试样中 $\phi 0.1mm$ 的近表面缺陷,并与超高灵敏度 X 射线检测的结果一致。同时,研究了将激光超声设备集成于增材制造设备的一体化试验装置。

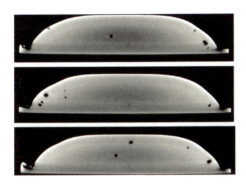

图 1-9

图 1-8 中缺陷的 μCT 成像

MTU 公司[22-24]采用荧光渗透检测表面缺陷和 X 射线检测内部孔洞类缺陷相结合的方式进行激光选区熔化复杂制件的离线检测,为了解决 X 射线无法可靠检出内部未熔合缺陷的问题,采用了一种新的在线检测手段——光学相干断层成像技术(optical coherence tomography,OCT),在 EOS M280 型成形设备上安装了高分辨率光学摄像头,进行成形过程中质量的监控,该方法可检出最小尺寸为 0.2mm 的孔型人工缺陷,横向分辨力 0.1mm,并可清晰显示未熔合缺陷的尺寸和位置,如图 1-10 所示。

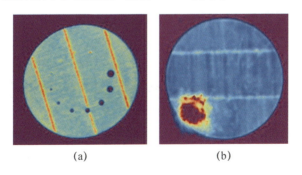

(a) (b)

图 1-10 典型缺陷的光学断层成像检测结果

(a)试样人工伤成像;(b)制件未熔合成像。

慕尼黑工业大学的 Krauss 等[25]在 EOS M270 型激光选区熔化成形设备上安装了红外摄像机，以监控成形过程中沉积层的温度分布及瞬态演变，从而监测制件内部可能产生的气孔及其他异常，该方法可检出的最小缺陷尺寸为 100 μm。弗朗和费研究所与 MTU 公司合作，在 EOS 的打印机基板下固定超声波探头，对成形过程中厚度、声速及超声信号频谱等的变化进行在线监控，并分析了激光功率对成形件质量及超声信号的影响，通过与 CT 检测结果的对比表明，该方法对于 50% 激光功率下成形件内低至 3% 的气孔率仍可有效检测，如图 1-11 所示[26-28]。

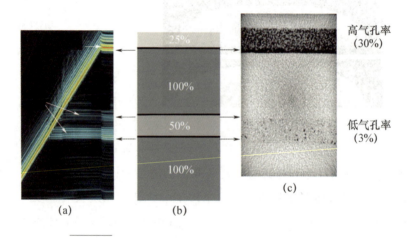

图 1-11　超声在线检测 B 扫描图像与 CT 结果的对比
(a)超声图像；(b)激光能量；(c)射线-CT 图像。

1.2.3　无损检测标准的发展

1. 增材制造标准的总体情况

随着增材制造技术的日臻成熟，近年来与之相关的标准化工作也日趋活跃。2002 年，美国汽车工程师学会（society of automotive engineers，SAE）发布了第一份增材制造技术标准 AMS 4999《退火 Ti-6Al-4V 钛合金激光沉积制品》，至 2020 年已经发布及正在制定的标准共计 30 余项，主要针对航空航天应用领域。2009 年，美国材料与试验协会（American society for testing and materials，ASTM）成立了专门的增材制造技术委员会——ASTM F42，由来自 20 多个国家的超过 400 多个技术专家组成，至 2020 年已经发布及正在制定的标准共计 50 余项；ASTM F42 还负责与 ASTM 内部技术委员会（包括金属粉末及制品技术委员会（ASTM B09）、无损检测技术委员会（ASTM E07）、医疗及骨科材料与设备技术委员会（ASTM F04）等）进行协调，共同制定增材制造标准，以形成完善的增材制造标准体系。2011 年，国际标准化组织（international organization for standard，ISO）也成立了增材制造技术委员会（ISO/TC 261）[29-30]；2013 年，ISO/TC 261 与 ASTM F42 共同发布了一份"增材制造标准制定联合计划"，该计划包含了 AM 标准的通用结构/层次结构，以实现由任何一方所发起的项目都能实现一致性，至 2020 年已发布联合标准 25 项，正在制定中的标准 40 余项，这两个组织所做的工作对于增材制造技术的标准化工作起到了极大的推动作用。

2016 年 3 月，America Makes 和美国国家标准协会（American national standards institute，ANSI）合作建立了美国增材制造标准化协作组织（the America Makes & ANSI additive manufacturing standardization collaborative，AMSC）。AMSC 是一个跨行业的协调机构，目标是加速制定符合利益相关者需求的全行业增材制造标准和规范，从而促进增材制造业的发展。该机构并不制定标准或规范，它的目的是帮助推进协调的标准开发活动。2018 年 6 月，AMSC 发布了其增材制造标准化路线图（2.0 版）（standardization roadmap for additive manufacturing(version 2.0)），该路线图确定了现有标准和规范，以及正在开发的标准和规范，评估了标准缺口，并就认为需要额外开展标准化工作的优先领域提出建议。

除此之外，在欧洲，欧盟在增材制造标准化方面提供了积极的支持，在欧盟第七框架计划的支持下，名为 SASAM 的项目启动。SASAM 增材制造标准化小组联合了 ISO、ASTM 及 CEN 多方力量并于 2015 年 6 月发布了 2015 增材制造标准化路线图。路线图中除了关于增材制造标准化路线图的详细介绍，还阐述了当前欧洲增材制造的优劣势分析，以及当前发展需要克服的问题。

国内近年来也开始重视增材制造相关标准制定工作，于 2016 年 4 月 21 日成立了全国增材制造标准化技术委员会（SAC/TC562），专门负责增材制造技术标准的制定工作。2019 年 1 月，国家标准化管理委员会印发公告（2019 年第 2 号），正式成立全国增材制造标准化技术委员会测试方法分技术委员会（SAC/TC562/SC1），主要负责增材制造领域的专用材料、装备及成形件的特性、可靠性、安全等测试方法的国家标准制定和修订工作，秘书处设在无锡市产品质量监督检验院/国家增材制造产品质量监督检验中心（江苏）。通过 SAC/TC562 已发布和正在制定的国家标准共计 20 余项。此外，还有一些行业制定了相关行业标准。

2. 增材制造无损检测标准

在增材制造制件无损检测相关标准方面，已经公开发布的与无损检测相关的标准只有 AMS 4999A《退火 Ti－6Al－4V 钛合金直接沉积产品》，该标准对于 TC4 钛合金增材制造制件的无损检测验收要求做出了较为明确的规定，但对于无损检测实施方法并未做详细说明，而是直接引用了 AMS2631《钛和钛合金棒材和坯料超声波检测》、ASTM E 1742《射线检查》等通用的金属制件检测方法。2013 年，在美国商务部国家标准与技术研究院（NIST）的资助下，美国白沙测试研究室将 ASTM E07（无损评价）和 ASTM F42（增材制造）联系起来，第一份标准草案 ASTM WK47031《航空用增材制造金属制件无损检测指南》于 2014 年 6 月获得通过。ASTM E07 正在编制的标准还有"金属增材制造航空航天零件成形期间的在线监测指南"。同时，ASTM 还制订了增材制造产品无损检测系列标准研究计划。

AMSC 在其增材制造标准化路线图（2.0 版）中，提出了以下需优先研发的项目。

(1) 用于识别 NDE 方法可检缺陷的术语：

开发标准化术语来识别和描述缺陷，以及成形件中的典型位置。

(2) 用于设计和制造适合于演示 NDE 能力的工件或模型的标准：

设计或制造适用于校准无损检测设备或演示自然缺陷检测（未熔合、气孔等）的工件或模型，可能包括有意添加的特征。

(3) 增材制造制件的无损检测应用指南：

制定一个由无损检测专家领导、增材制造界支持的行业标准，以评估当前的检测实践，并介绍无损检测要求。

(4) 内部结构的尺寸计量标准：

研究 CT 测量增材制造零件的内部特征的适用性，特别是具有复杂几何形状、内部特征和/或嵌入特征的零件。

(5) 断裂关键增材制造件的无损检测验收标准：

有必要制定一个行业标准，为断裂关键增材制造零件建立无损检测验收等级。为此，应对工艺过程的控制制备含有典型增材制造工艺缺陷的样品，以进行缺陷对性能影响的研究。

国内目前正在积极开展增材制造制件无损检测方法标准的制定工作，但尚未形成完整的标准体系。北京航空材料研究院在2010年前后，首先在飞机增材制造钛合金结构件应用中，编制了钛合金增材制造制件无损检测方法的型号标准和企业标准。2019年，制定了军工联合行业标准EJ/QJ/HB/CB/WJ/SJ 30048—2019《金属熔融沉积增材制造构件超声检测》。2020年，制定了CSTM团体标准T/CSTM 00269—2020《激光选区熔化制造结构工业CT尺寸测量》。北京制造技术研究院近年来制定了电子束熔融沉积和选区熔化制件无损检测方法的集团标准。正在策划中的还有一些增材制造无损检测的国家标准和行业标准。

1.2.4 增材制造制件无损检测技术的未来发展趋势

无损检测是促进增材制造制件在航空航天等领域大量应用的关键之一，国内外研究者在检测方法研究方面做了大量卓有成效的工作。未来还应跟随增材制造技术发展趋势开展新的研究工作，笔者就未来应重点关注的研究方向给出如下建议。

(1)无损检测新技术的应用研究。随着增材制造制件向大型化、精细化、复杂化方向发展，传统的无损检测手段已难以满足要求，需开展激光超声、高分辨率工业CT等无损检测新技术的应用研究。

(2)在线检测方法研究。增材制造制件的在线检测是未来重点发展方向之一，目前国内外已经开展了增材制造制件在线检测技术探索性研究，但距离实际应用仍有一定差距，还需在热成像、光学成像、激光超声等在线检测手段方面进行深入研究。

(3)数值模拟技术。增材制造复杂结构制件的无损检测，可能存在检测灵敏度及检测盲区无法验证的问题，采用数值模拟技术进行超声、射线等检测技术的模拟，可预先判断缺陷可检性与声束覆盖范围等，为制定检测工艺提供依据。

(4)应力测试与表征技术。内应力及变形一直是困扰大型制件增材制造成形技术的一大问题，如能采用无损检测手段进行内应力的有效测试与表征，将为改进成形工艺、保证制件质量提供重要支持。

(5)无损检测方法标准的建立和完善。目前尚未形成金属增材制造制件无损检测标准体系,这将严重制约增材制造制件的广泛应用,因此无损检测方法标准的建立和完善也将是未来重点发展方向之一。

参考文献

[1] 王华明,张述泉,王向明. 大型钛合金结构件激光直接制造的进展及挑战[J]. 中国激光,2009,36(12):3204-3209.

[2] YONG H,MING C L,JYOTI M,et al. Additive manufacturing:current state, future potential, gaps and needs, and recommendations [J]. Journal of Manufacturing Science and Engineering,2015(137):1-10.

[3] CHUA C K,CHOU S M,WONG T S. A study of the state-of-the-art rapid prototyping technologies [J]. The International Journal of Advanced Manufacturing Technology,1998(14):146-152.

[4] 黄卫东. 激光立体成形——高性能致密金属零件的快速自由成形[M]. 西安:西北工业大学出版社,2007.

[5] 凌松. 增材制造技术及其制品的无损检测进展[J]. 无损检测,2016,38(6):60-64.

[6] 王华明. 高性能大型金属构件激光增材制造:若干材料基础问题[J]. 航空学报,2014,35(10):2690-2698.

[7] 巩水利. 高能束流加工技术在航空发动机领域的应用[J]. 航空制造技术,2013(9):34-37.

[8] 王延庆,沈竞兴,吴海全. 3D打印材料应用和研究现状[J]. 航空材料学报,2016,36(4):89-98.

[9] BREINAN E M,KEAR B H. Rapid solidification laser processing at high power density[J]. Materials Processing Theory and Practices,1983,3:235-295.

[10] MATZ J E. Carbide formation in a nickel-based super alloy during electron beam solid freeform fabrication[D]. Massachusetts:MIT,1999.

[11] SLOTWINSKI J A. Additive manufacturing:overview and NDE challenges[J]. AIP Conference Proceedings,2014(158):1173-1177.

[12] 胡亮. 航天增材制造项目发展战略研究初探[J]. 军民两用技术与产品,2014(9):132-135.

[13] NILSSON P,APPELGREN A,HENRIKSON P,et al. Automatic ultrasonic

testing for metal deposition[C]. 18th World Conference on Nondestructive Testing, South Africa, 2012.

[14] RUDLIN J, CERNIGLIA D, SCAFIDI M, et al. Inspection of laser powder deposited layers[C]. 11th European Conference on Non-Destructive Testing, Czech Republic, 2014.

[15] 韩立恒,巩水利,锁红波,等. A-100 钢电子束熔丝成形件超声相控阵检测应用初探[J]. 航空制造技术, 2016(8): 66-70.

[16] WALLER J M, SAULSBERRY R L, PARKER B H, et al. Summary of NDE of additive manufacturing efforts in NASA[J]. AIP Conference Proceedings, 2015(1650): 51-62.

[17] ZIÓLKOWSKI G, CHLEBUS E, SZYMCZYK P, et al. Application of X-ray CT method for discontinuity and porosity detection in 316L stainless steel parts produced with SLM technology[J]. Archives of Civil and Mechanical Engineering, 2014(14): 608-614.

[18] ZANINI F, HERMANEK P, RATHORE J, et al. Investigation on the accuracy of CT porosity analysis of additive manufactured metallic parts[C]. Digital Industrial Radiology and Computed Tomography, Belgium, 2015.

[19] ANTON P, STEPHAN G R, JOHAN E, et al. Application of micro CT to the non-destructive testing of an additive manufactured titanium component[J]. Case Studies in Nondestructive Testing and Evaluation, 2015(4): 1-7.

[20] LÉVESQUE D, BESCOND C, LORD M, et al. Inspection of additive manufactured parts using laser ultrasonics[J]. AIP Conference Proceedings, 2016(1706): 1-9.

[21] CERNIGLIA D, SCAFIDI M, PANTANO M, et al. Inspection of additive-manufactured layered components[J]. Ultrasonics, 2015(62): 292-298.

[22] BAMBERG B, DUSEL K H, SATZGER W. Overview of additive manufacturing activities at MTU aero engines[J]. AIP Conference Proceedings, 2015(1650): 156-163.

[23] ZENZINGER G, BAMBERG J, LADEWIG A, et al. Process monitoring of additive manufacturing by using optical tomography[J]. AIP Conference Proceedings, 2015(1650): 164-170.

[24] BAMBERG J, ZENZINGER G, LADEWIG A. In-process control of selective laser melting by quantitative optical tomography[C]. Mwi ch: 19th World Conference on

Non-Destructive Testing,2016.

[25] KRAUSS H,ZEUGNER T,ZAEH M F. Thermo graphic process monitoring in powder bed based additive manufacturing[J]. AIP Conference Proceedings,2015(1650):177-183.

[26] RIEDER H,DILLHöFER A,SPIES M,et al. Online monitoring of additive manufacturing processes using ultrasound[C]. Bragg,Czech Republic:11th European Conference on Non-Destructive Testing,2014.

[27] RIEDER H,SPIES M,BAMBERG J,et al. On and offline ultrasonic characterization of components built by SLM additive manufacturing[J]. AIP Conference Proceedings,2016(1706):1-7.

[28] RIEDER H,SPIES M,BAMBERG J,et al. On and offline ultrasonic inspection of additively manufactured components[C]. Munichi:19th World Conference on Non-Destructive Testing,2016.

[29] 肖承翔,李海斌. 国内外增材制造技术标准现状分析与发展建议[J]. 中国标准化,2015(3):73-75.

[30] 景绿路. 国外增材制造技术标准分析[J]. 航空标准化与质量,2013(4):44-48.

第 2 章　金属制件常规无损检测技术简介

金属制件是使用金属材料以不同制造工艺制作的零件。金属材料包括纯金属及其合金。合金是以某一金属元素为基础，添加一种以上金属元素或非金属元素（视性能要求而定），经冶炼、加工而成的材料，如碳素钢、低合金钢和合金钢、高温合金、钛合金、铝合金、镁合金等。纯金属很少直接应用，因此金属材料绝大多数是以合金的形式出现。金属制件的常规制造工艺主要有铸造、塑性加工、粉末冶金等。

由于工艺差异，不同制造工艺生产的金属制件内部缺陷类型及在零件中的位置差异很大。金属制件的缺陷类型主要可以分为体积型缺陷和平面型缺陷。体积型缺陷指可以用三维尺寸或一个体积来描述的缺陷，主要包括孔隙、夹杂、夹渣、夹钨、缩孔、疏松、气孔、腐蚀坑等。平面型缺陷指一个方向很薄、另两个方向尺寸较大的缺陷，主要包括分层、脱粘、折叠、冷隔、裂纹、未熔合、未焊透等。根据缺陷在零件中的位置，金属缺陷可分为表面缺陷和内部缺陷。由于不同无损检测方法各有特点及适用范围，金属制件在质量检测过程中，通常需要选用多种不同的无损检测方法。

常用的方法包括超声检测、射线检测、渗透检测、磁粉检测和涡流检测等。其中，超声检测和射线检测可以检测一定厚度的制件内部的缺陷，渗透检测、磁粉检测和涡流检测用于材料表面和近表面缺陷的检测。

2.1　超声检测的原理、特点和应用

2.1.1　超声检测原理

1. 超声波的一般特性

超声波是频率大于 20kHz 的机械波，是机械振动在介质中的传播。在通常的超声检测系统中，用电脉冲激励超声探头的压电芯片，使其产生高频机

械振动，这种振动在与其接触的介质中传播，形成超声波。当超声波垂直入射到两种介质的界面时，一部分能量透过界面进入第二种介质，成为透射波，波的传播方向不变；另一部分能量则被界面反射回来，沿与入射波相反的方向传播，成为反射波。声波的这一性质是超声检测缺陷的物理基础。

利用超声波对材料中的宏观缺陷进行探测，依据的是超声波在材料中传播时的一些特性，如声波在通过材料时能量会有损失，在遇到两种介质的分界面时，会发生反射等。其主要过程由以下几部分组成：①用某种方式向被检测的试件中引入或激励超声波；②超声波在试件中传播并与试件材料和其中的物体相互作用，使其传播方向或特征被改变；③改变后的超声波又通过检测设备被检测到，并可对其进行处理与分析；④根据接收的超声波的特征，评估试件本身及其内部存在的缺陷的特性。

通常用以发现缺陷并对缺陷进行评估的基本信息为：①来自材料内部各种不连续的反射信号的存在及其幅度；②入射信号与接收信号之间的声传播时间；③声波通过材料以后能量的衰减。

2. 超声检测设备器材

超声检测系统必须具有的组件为：超声检测仪（其中包括脉冲发射源、接收信号的放大装置、信号的显示装置等）、探头（电声转换器）和对比试块。

超声检测仪是专门用于超声检测的一种电子仪器，它的作用是产生电脉冲并施加于探头使其发射超声波，同时接收来自于探头的电信号，经放大处理后显示在荧光屏上。超声波探头是用来产生与接收超声波的器件，是组成超声检测系统的最重要的部分之一，探头的性能直接影响到发射的超声波的特性，影响到超声波的检测能力。

为了保证检测结果的准确性与可重复性、可比性，必须用一个具有已知固定特性的试样（试块）对检测系统进行校准。超声检测用试块通常分为标准试块（校准试块）和对比试块（参考试块）。

3. 常用超声检测方法

按照检测原理，常用超声检测方法主要有脉冲反射法和穿透法两种。

脉冲反射法是由超声波探头发射脉冲波到试件内部，通过观察来自内部缺陷或试件底面的反射波的情况来对试件进行检测的方法。图2-1所示为接触法单探头直射声束脉冲反射法的基本原理。当试件中无缺陷时，A显示波形中仅有发射脉冲T和底面回波B两个信号。当试件中有缺陷时，在发射脉冲与底面回波之间将出现来自缺陷的回波 F。通过观察 F 的高度可对缺陷的大小进行评估，通过观察回波 F 距发射脉冲的距离可得到缺陷的埋藏深度。当材质条件较好且选用探头适当时，脉冲回波法可观察到非常小的缺陷回波，达到很高的检测灵敏度。但是，脉冲反射法不可避免的一个问题是存在盲区。

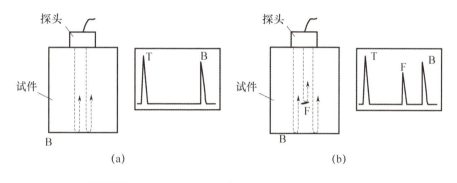

图 2-1　接触法单探头直射声束脉冲反射法的基本原理
(a)无缺陷；(b)有缺陷。

脉冲反射法具有检测灵敏度高，可对缺陷精确定位，操作方便，只需单面接近试件，适用于各种形状等优点，在近表面分辨力和灵敏度满足要求的情况下，脉冲反射法是最好的选择。脉冲反射法利用零件厚度与声速及超声波在试件中的传播时间的关系，还可用于测量空腔结构的壁厚。

除了接触法单探头直射声束法，脉冲反射法还可与斜射声束法、双探头法、液浸法等相结合，是最常用、最基本的超声检测技术。

穿透法通常采用两个探头，分别放置在试件两侧，一个将脉冲波发射到试件中，另一个接收穿透试件后的脉冲信号，依据脉冲波穿透试件后能量的变化来判断内部缺陷的情况，如图 2-2 所示。当材料均匀完好时，穿透波幅度高且稳定；当材料中存在一定尺寸的缺陷或存在材质的剧烈变化时，由于缺陷遮挡了一部分穿透声能或材质引起声能衰减，可使穿透波幅度明显下降甚至消失。很明显，这种方法无法得知缺陷深度的信息，对于缺陷尺寸的判断也是十分粗略的。穿透法的优势在于不存在盲区问题，缺陷的取向对穿透衰减影响不大，同时，仅在试件中通过一次，比反射法减少一半的材质衰减。因此，穿透法适用于薄板类、要求检测缺陷尺寸较大的试件及衰减较大的材料，如复合材料薄板及蜂窝结构。

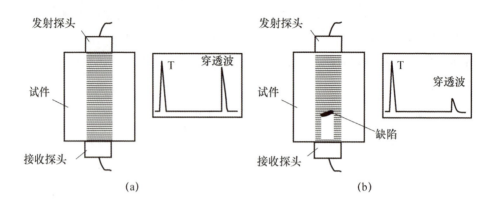

图 2-2 接触法直射声束穿透法

(a)无缺陷；(b)有缺陷。

针对增材制造材料和零件缺陷较小的特点，宜采用水浸聚焦探头自动成像扫查技术以提高检测小缺陷的能力。图 2-3 所示为水浸聚焦检测声束示意图，采用聚焦探头使声束变窄，能量集中于焦点附近区域，提高缺陷显示的信噪比。同时，采用水浸法实现自动扫查成像，提高检测的可靠性。

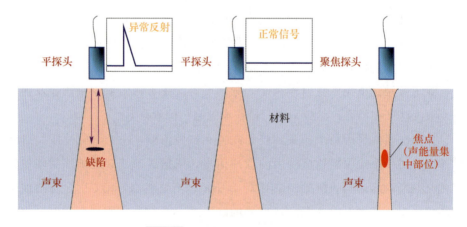

图 2-3 水浸聚焦检测声束示意图

2.1.2 超声检测的特点

超声检测技术可用于金属、非金属、复合材料等多种材料制件的无损评价，主要检测对象包括铸锭、管材、板材、棒材、锻件、复合材料件、焊接件、胶接结构等。

与其他无损检测方法相比，超声检测方法的主要优点如下。

(1) 穿透能力强，可对较大厚度范围的试件内部缺陷进行检测，可进行整个试件体积的扫查。例如，对金属材料，既可检测厚度 1～2mm 的薄壁管材和板材，也可检测几米长的钢锻件。

(2) 灵敏度高，可检测材料内部尺寸很小的缺陷。

(3) 可较准确地测定缺陷的深度位置，这在许多情况下是十分需要的。

(4) 对大多数超声技术的应用来说，仅需从一侧接近试件。

(5) 设备轻便，对人体及环境无害，可现场检测。

超声检测的主要局限性如下。

(1) 由于纵波脉冲反射法存在的盲区，以及缺陷取向对检测灵敏度的影响，对位于表面和非常近表面的某些缺陷常常难于检测。

(2) 试件形状的复杂性，如小尺寸、不规则形状、粗糙表面、小曲率半径等，对超声检测的可实施性有较大影响。

(3) 材料的某些内部结构性能，如晶粒度、相组成、非均匀性、非致密性等，会使小缺陷的检测灵敏度和信噪比降低。

(4) 对材料及制件中的缺陷作定性、定量表征，需要检验者具有较丰富的经验，而且常常是不准确的。

(5) 以常用的压电换能器为声源时，为使超声波有效地进入试件一般需要有耦合剂。

2.1.3 超声检测的应用

超声检测的典型应用包括检测铸锭、锻件、铸件、管材、板材、棒材、焊接件等。

1. 铸锭检测

超声检测方法应用于铸锭的主要目的是确定缩孔、裂纹、疏松或大夹杂物的位置，以便在进一步加工前将其去除。铸锭通常体积较大，截面多为方形、圆形或矩形。采用水浸或接触式脉冲反射法进行检验，通常选择较低的检测频率。铸锭表面很粗糙，采用水浸法减少表面引起的声能损失，采用接触法时，可将表面进行粗加工以改善检测效果。在有些金属材料（如镍基合金）中，粗大的晶粒可引起严重的声衰减，影响超声检测的能力。

2. 锻件检测

超声波可以检测的锻件中常见缺陷有缩孔与缩松、夹杂、内部或表面裂纹、折叠等。锻件可采用接触法或水浸法进行检验。锻件的组织经热变形可以变得很细，因此锻件上有时可以应用较高的频率（如 10MHz 以上）。由于锻件外形可以是很复杂的，有时为了发现不同取向的缺陷在同一个锻件上需要同时采用纵波和横波。图 2-4 所示为典型轴类锻件检测方法的示意图。

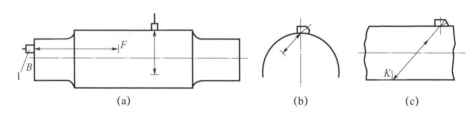

图 2-4　典型轴类锻件检测方法的示意图
（a）纵波；（b）横波周向；（c）横波轴向。
（注：箭头表示声束入射方向）

3. 铸件检测

铸件的典型缺陷有缩孔、疏松、气孔、夹杂、裂纹、冷隔等。铸造组织的不致密性与不均匀性，以及铸件的粗糙表面，使得超声波能量衰减很大，粗晶的散射又产生杂乱回波，使缺陷的辨别与评定产生困难。因此，铸件超声检测的特点是常采用低频声波以减轻衰减和散射，相应的可检缺陷尺寸也较大。采用接触法时用较黏稠的耦合剂或液浸法检测以减少粗糙表面的影响。超声波对铸件缺陷的检测通常比锻件检测灵敏度要求低，常常是作为工艺控制的一个步骤，有时是作为射线检测的补充，确定缺陷的深度位置以便进行修补。

铸件检测常用的方法有，对大厚度试件常采用纵波反射法，有时也用横波法；对厚度较小的试件采用底面多次回波法，通过观察多次回波的次数检测材料中的声衰减情况，这种方法可以发现反射较弱但会引起底波衰减的疏松缺陷。

超声波检测铸件的另一个应用是测量铸造结构的壁厚，因为对复杂形状的铸件往往难以采用机械方法测量厚度，超声测厚对铸件的质量控制和工艺控制是非常重要的。其典型应用为使用超声纵波脉冲反射法测量航空发动机空心涡轮叶片壁厚，若叶片合金材料的纵波声速已知，测量出超声脉冲在试件中往返传播一次所需的时间，即可计算出叶片的壁厚。叶片测厚标点工装和测厚示意图如图 2-5 所示。

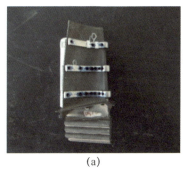
(a)

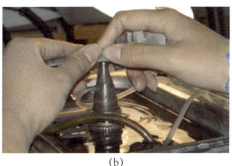
(b)

图 2-5　叶片测厚标点工装和测厚示意图
(a)工装及标点；(b)喷水探头测厚。

4. 管材检测

管材可由轧制、挤压、拉拔等多种工艺制成。形成的主要缺陷为沿管材纵向延伸的裂纹、沟槽、折叠等。管材检测最常用的是横波周向检测。对于大直径和大厚度的管材，可采用斜楔磨成圆弧面的接触法斜探头；对于薄壁小直径管，则通常采用水浸法自动检测装置。为了检测横向缺陷，有时也采用声束沿管材轴向传播的横波进行检验。

5. 板材与棒材检测

板材通常由铸锭或棒材经多次轧制而成。需超声检测的缺陷有分层、裂纹、折叠、夹杂等。中厚板板材的检测(6mm 以上)常采用纵波垂直入射或横波斜入射脉冲反射法进行。纵波适用于检测平行于板材表面的分层等缺陷，横波则对与表面成一定角度的缺陷较为灵敏。板材检测盲区问题比较突出，常采用双晶探头或水浸检测以改善近表面分辨力。薄板(6mm 以下)可采用兰姆波检测。

棒材通常由铸锭经锻造、挤压或轧制工艺制成。典型缺陷为锭、坯中的缺陷在轧制过程中延展形成的中心缩孔和夹杂物，以及热应力产生的裂纹、轧制产生的表面折叠等。常用的超声检测技术包括对内部缺陷的圆周面垂直入射纵波脉冲反射法、对表面和近表面缺陷的沿棒材周向和轴向的斜入射横波脉冲反射法,以及用于表面缺陷检测的周向和轴向的表面波法等。棒材直径较小时,为减少盲区,并改善圆弧面造成的声束发散,常采用双探头或水浸聚焦探头。水浸自动检测系统常用于棒材检测,通常有一个使棒材旋转或探头绕棒材轴线旋转的机构,以及使探头或棒材沿轴向前进的机构。

6. 焊接件检测

常见的焊缝缺陷有热裂纹、冷裂纹、气孔、夹渣、未焊透、未熔合等。焊缝超声检测最常用的技术是横波接触法 A 扫描检测技术,由于焊缝表面通常有余高和焊接波纹,检测时通常将探头置于焊缝两侧的母板上进行扫查,为了检测到焊缝内不同位置和取向的缺陷,有时同时采用一次波和二次波甚至多次波进行检测。图 2-6 所示为检测焊缝中纵向缺陷时常用的声束入射方式,对薄板焊缝常采用一种角度单面双侧一次波和二次波检测,厚焊缝则多采用两种角度双面双侧一次波检测。图 2-7 所示为焊缝检测的其他扫查方式,其中图 2-7(a)、(b)用于横向缺陷的检测,图 2-7(c)、(d)则用于焊缝中间垂直于表面的缺陷检测,这类缺陷单探头斜角横波检测不够灵敏。

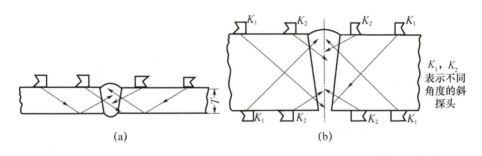

图 2-6 检测焊缝中纵向缺陷时常用的声束入射方式
(a)薄板;(b)厚板。

7. 复合材料检测

复合材料是非均质的材料,通常是由不同材料的薄层粘接在一起或由一些材料嵌入另一基体材料构成的。目前用于结构制造的典型复合材料是碳纤维增强树脂基复合材料,其中碳纤维以不同取向编织成网状,树脂将多层纤维粘接为一体并固化定型。复合材料的非均质性引起超声特性的不均匀,给检测带来一定的影响。复合材料的另一特点是直接固化成结构所需形状,检测时外形轮廓常为三维曲面。复合材料的常见缺陷有分层、孔洞、孔隙、缺

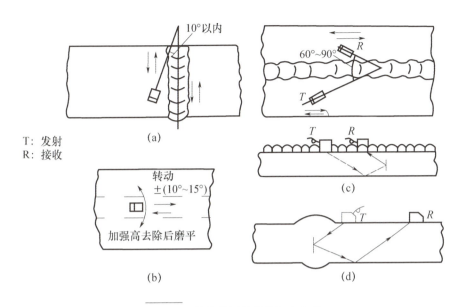

T：发射
R：接收

图 2-7 焊缝检测的其他扫查方式
（a）斜平行扫查；（d）串列式扫查。

胶等。分层类平面型缺陷在使用过程中会扩展，对复合材料的强度和寿命影响很大。

复合材料超声检测常用垂直入射的反射法或喷水穿透法，如图 2-8 所示，平面或曲面薄板多用 C 扫描显示和记录缺陷，对分层类缺陷这些检测方法非常有效。复合材料检测用的对比试块必须采用与被检件相同的材料和工艺制作，常在不同的层数间嵌入不同尺寸的非金属薄膜作为人工缺陷。

图 2-8
复合材料件超声检测

2.2 射线检测的原理、特点和应用

2.2.1 射线检测原理

射线是具有穿透不透明物体能力的辐射,按其特点可以分为电磁辐射和粒子辐射。电磁辐射主要包括 X 射线和 γ 射线,粒子辐射包括 α 粒子、电子、中子和质子等。X 射线和 γ 射线是射线检测中最常用的,它们与光本质相同,都是电磁波,但是 X 射线和 γ 射线的光量子远大于可见光。

当 X 射线、γ 射线射入物体后,将与物质发生复杂的相互作用,入射光量子的能量一部分转移到能量或方向改变了的光量子那里,一部分转移到与之相互作用的电子或产生的电子那里,转移到电子的能量主要损失在物体之中。前面的过程称为散射,后面的过程称为吸收。也就是说,入射到物体的射线,一部分能量被吸收、一部分能量被散射。这样,导致从物体透射的射线强度低于入射射线强度,这称为射线强度发生了衰减。

射线穿透物体时其强度的衰减与吸收体(射线入射的物体)的性质、厚度及射线光量子的能量相关。在考虑散射的前提下,对于波长单一的射线,射线衰减的基本规律可以写为

$$I = I_o e^{-\mu T} \tag{2-1}$$

式中:I_o 为入射射线强度;I 为透射射线强度;T 为吸收体厚度;μ 为线衰减系数(cm^{-1})。

随着厚度的增加透射射线强度将迅速减弱。衰减的程度也相关于线衰减系数,线衰减系数表示的是入射光量子在物体中穿行单位距离时(如 1cm),平均发生各种相互作用的可能性,它的大小与射线的能量及穿透物体的材料相关,即能量越高线衰减系数越小、物体材料密度越大线衰减系数越大。

按照射线的衰减规律,当射线穿过物体时,物体将对射线产生吸收作用。由于不同的物质对射线的吸收作用不同,因此,在底片上将形成不同黑度 D 的图像,从而可从得到的图像对物体的状况做出判断。使用影像对比度来定义射线底片上两个区域的黑度差,图 2-9 所示为射线照相检测原理示意图。

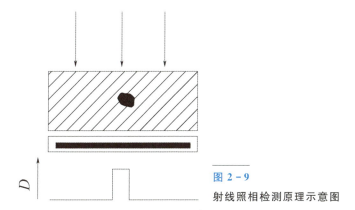

图 2-9
射线照相检测原理示意图

射线照相检测缺陷的能力，决定于射线照片影像质量的 3 个因素：对比度、不清晰度、颗粒度，在日常的射线照相检测工作中并不直接测量射线底片的对比度、不清晰度、颗粒度，广泛采用射线照相灵敏度这个概念描述射线照片记录、显示缺陷的能力，它在一定程度上综合评定了影像质量三个基本因素对影像质量的影响结果。目前，使用像质计测定射线底片灵敏度。

射线检测使用的设备器材主要包括射线源、胶片和像质计。

射线源用于提供穿透物体的能量射束，常用的有 X 射线机和放射性同位素源（γ 源）。X 射线机由经高压电场加速的高速电子撞击钨靶，发生韧致辐射效应得到，射线能量、强度可调，曝光时间可以设置。放射性同位素源射线来自其原子核衰变，具有不需用电、设备体积小等优点，但是能量单一、随时间源活度逐渐降低、辐射不间断防护要求高。

胶片用于接收穿透物体的射线，记录辐射强度，通过胶片冲洗，得到底片。工业射线胶片由片基、黏结剂、乳剂层、保护层构成，核心部分是乳剂层，它决定了胶片的感光性能。胶片的主要感光特性是：感光度、梯度、灰雾度和宽容度等。影响胶片感光特性的一个重要方面是胶片的粒度，即感光乳剂中卤化银颗粒的平均尺寸，工业射线胶片卤化银微粒尺寸一般为 0.3～1.0 μm。不同类型胶片的重要区别之一就是卤化银微粒尺寸不同，粒度大的胶片感光度高。

像质计用来测量射线底片的灵敏度，最广泛使用的像质计有丝型像质计（图 2-10）、阶梯孔型像质计、平板孔型像质计。

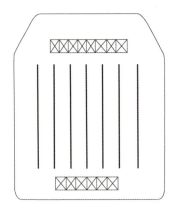

图 2-10
丝型像质计的基本样式

2.2.2 射线检测的特点

射线检测技术不仅可用于金属材料（黑色金属和有色金属）检验，也可用于非金属材料和复合材料的检验。检验技术对被检工件或试件的表面和结构没有特殊要求，所以它可以用于各种产品的检验，应用于各种缺陷的检验。在工业中，应用最广泛的方面是铸件和焊接件的检验。其对于体积型缺陷敏感，检验面状缺陷时则必须考虑射线束的方向，当射线束与缺陷平面的夹角较大时，容易发生漏检，特别是对于开裂较小的裂纹性缺陷。目前，射线检测技术广泛地应用于机械、兵器、造船、电子、核工业、航空、航天等各工业领域，在某些问题中（如电子元器件的装配质量、复杂的金属与非金属结构质量等），它是目前唯一可行的检测技术。

射线检测技术与其他常规无损检测技术比较，主要优点：

(1) 检测技术对被检验工件的材料、形状、表面状态无特殊要求。

(2) 可检测零件内部缺陷，结果直观，检测结果易保存、追溯。

(3) 检测技术和检测工作质量可以自我监测。

主要局限性：

(1) 三维结构二维成像，前后缺陷重叠，难以判断内部缺陷深度。

(2) 射线的辐射生物效应可对人体造成损伤，必须采取妥善的防护措施。

2.2.3 射线检测的应用

射线检测的主要检测对象包括铸件、焊接件、复合材料件、锻件等。

1. 铸件检测

射线检测可用于检测铸件内部气孔、缩孔、疏松、夹杂、裂纹等内部缺陷。结构复杂的铸件，根据其结构及尺寸特点，完成一次射线照相检测往往需要进行多次透照。图 2-11 所示的钛合金风扇机匣，要求使用 X 射线照相对其内部质量进行全范围检测，该零件由 12 个结构不同的空心支板、内环、外环分流环及安装环组成，结构复杂，截面/厚度多变，多有交接转角，且有些部位内部空间狭小。为了有效检测该零件，需要合理进行透照部位分区，根据其结构特点，可以逐层分解透照，对于一些转接处再做专门透照，这样可以实现对铸件最大范围的检测，最大程度保证检测质量。而为了提高检测效率，在厚度变化的区域，可采用双胶片透照技术，即使用两张感光速度不同的胶片同时进行透照，每张底片用于检测厚度不同的区域。

 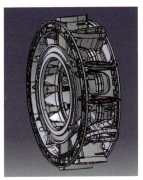

图 2-11 钛合金风扇机匣

为了提高检测重复性，在复杂结构的铸件检测时，建议设计制作专门的检测工装，同时在工艺规程中规定零件、胶片、X 射线管之间的相对位置。图 2-12 和图 2-13 所示为北京航空材料研究院研制的某型号中介机匣专用射线检测工装，用于检测不同部位，实现了零件位置的准确控制，大大提高了检测的重复性和一致性，而且操作便捷，省力高效。

2. 焊接件检测

射线检测可以检测焊接件中常见缺陷有气孔、夹渣、未焊透、未熔合、夹钨、裂纹等，检测区域包括焊缝及热影响区。根据焊缝形状不同往往需要采用不同的透照方式，如无法进行单壁透照时可使用双壁透照；对于环焊缝，双壁透照还根据焊缝直径可采用双壁单影或双壁双影的透照方式。

图2-12 机匣检测用工装平台

图2-13 机匣检测用垂直工装

对于电子束焊接件接头进行射线检测时,由于其焊缝窄而深,深宽比大,为了控制射线束角度,需要在检测前进行"黑线"试验,即将零件通过定位焊、夹紧或类似方法组装后对整条焊缝进行透照,通过对底片焊缝处黑线的形貌和清晰程度来判断黑线是否合格,从而判定射线束是否与焊接熔合线平行。若透照角度难以保证,需要设计相应的工装夹具,以满足透照角度的要求。图2-14和图2-15所示为焊缝射线照相底片图像。

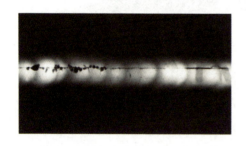
图2-14 直焊缝单壁透照底片

图2-15 环焊缝双壁双影透照底片

3. 复合材料件检测

射线检测可用于检测复合材料件中脱粘、蜂窝格变形等缺陷。由于复合材料件对射线衰减系数较低,因此选择较低透照射线电压即可。对于大厚度蜂窝结构件,使用常规胶片射线照相单次透照可检测的蜂窝格范围较小,建议采用数字射线实时成像检测技术,将大幅度提高检测效率。

4. 锻件检测

射线检测主要用于检测锻件内部夹杂缺陷,对于某些结构的锻件,存在超声检测盲区,需要使用射线检测进行补充检测。图2-16(a)所示为航空发动机用模锻叶片局部,图2-16(b)为X射线照相检测底片局部,可以检测到该叶片内部有高密夹杂缺陷。

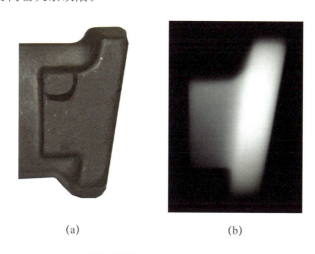

(a)　　　　　　　(b)

图 2-16　锻件射线检测

(a)航空发动机用模锻叶片局部;(b)X射线照相检测底片局部。

2.3　磁粉检测的原理、特点和应用

2.3.1　磁粉检测原理

磁场是存在于磁体或通电导体的内部和周围具有磁力作用的空间,磁场的存在使得磁体/通电导体与铁磁性物体之间不需直接接触也有磁力吸引作用。将原来不具有磁性的铁磁性材料放入外加磁场内,便得到磁化,它除了原来的外加磁场,在磁化状态下铁磁性材料自身还产生一个感应磁场,这两个磁场迭加起来的总磁场,称为磁感应强度。磁感应强度与磁场强度一样,具有大小和方向,可以用磁感应线表示。

若铁磁性材料表面或近表面存在缺陷,该工件被磁化后,由于不连续性

（缺陷）的存在，使工件表面和近表面的磁力线发生局部畸变而产生漏磁场，漏磁场吸附施加在工件表面的磁粉，在合适的光照下形成目视可见的磁痕，从而显示出不连续性（缺陷）的位置、大小、形状和严重程度，因此磁粉检测基础是不连续性处漏磁场与磁粉的磁相互作用，如图 2-17 所示。

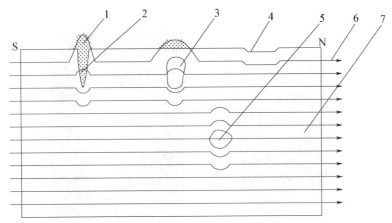

1—漏磁场；2—裂纹；3—近表面气孔；4—划伤；
5—内部气孔； 6—磁力线；7—工件。

图 2-17 不连续性处漏磁场分布

磁粉检测最基本的 6 个操作步骤是：预处理、磁化工件、施加磁粉或磁悬液、磁痕分析和评定、退磁、后处理。磁粉检测所需的设备器材主要包括磁粉探伤仪[图 2-18(a)]、测量仪器、磁粉和磁悬液、标准试片与试块。测量仪器主要进行磁场强度、剩磁大小、白光照度、黑光辐照度和通电时间等的测量。磁悬液是磁粉和载液按一定比例混合而成的悬浮液体，载液通常为油基或水基，油基载液多使用高闪点、低黏度、无荧光和无臭味的煤油，水载液需要水中添加润湿剂、防锈剂，必要时还要添加消泡剂，保证水载液具有合适的润湿性、分散性、防锈性、消泡性和稳定性。标准试片用于检验磁粉检测设备、磁粉和磁悬液的综合性能（系统灵敏度），也用于检测被检工件表面的磁场方向、有效磁化区和大致的有效磁场强度。标准试块主要用于检验磁粉检测设备、磁粉和磁悬液的综合性能（系统灵敏度），也用于考察磁粉检测的试验条件和操作方法是否恰当，还可用于检验各种磁化电流不同大小时产生的磁场在标准试块上大致的渗入深度，如图 2-18(b)所示。

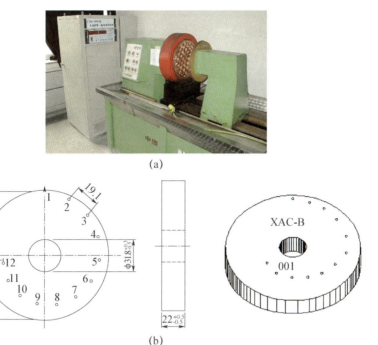

图 2-18 磁粉探伤仪和标准试块

磁粉检测按所用的载液或载体不同,分为湿法检测和干法检测;根据磁化工件和施加磁粉、磁悬液的时机不同,分为连续法检测和剩磁法检测。湿法检测是将磁粉悬浮在载液中进行磁粉检测的方法;干法检测是以空气为载体用干磁粉进行磁粉检测的方法。连续法检测是指在外加磁场磁化的同时,将磁粉或磁悬液施加到工件上进行磁粉检测的方法;剩磁法检测是在停止磁化后,再将磁悬液施加到工件上进行磁粉检测的方法。

2.3.2 磁粉检测的特点

磁粉检测适用于铁磁性材料表面和近表面缺陷的检测。需要注意的是,磁粉检测可检测间隙极窄(如可检测出长 0.1mm、宽为微米级的裂纹)和目视难以看出的缺陷(裂纹、白点、发纹、折叠、疏松、冷隔、气孔和夹杂等),但不适用于检测工件表面浅而宽的划伤、针孔状缺陷、埋藏较深的内部缺陷和延伸方向与磁力线方向夹角小于 20°的缺陷。

磁粉检测优点：

(1) 能直观地显示出缺陷的位置、大小、形状和严重程度，并可大致确定缺陷的性质。

(2) 具有很高的检测灵敏度，能检测出微米级宽度的缺陷。

(3) 能检测出铁磁性材料工件表面和近表面的开口与不开口的缺陷。

(4) 综合使用多种磁化方法，几乎不受工件大小和几何形状的影响，能检测出工件各方向的缺陷。

(5) 检查缺陷的重复性好。

(6) 单个工件检测速度快，工艺简单，成本低，污染轻。

磁粉检测的局限性：

(1) 只能检测铁磁性材料。

(2) 只能检测工件表面和近表面缺陷。

(3) 受工件几何形状影响（如键槽）会产生非相关显示。

(4) 通电法和触点法磁化时，易产生打火烧伤。

2.3.3 磁粉检测的应用

磁粉检测可应用于未加工的原材料和加工的半成品、成品件及在役与使用过的工件，包括钢坯、管材、棒材、板材、型材和锻钢件、铸钢件及焊接件。可检测裂纹、白点、发纹、折叠、疏松、冷隔、气孔和夹杂等缺陷。进行磁粉检测的零件表面不得有油脂、铁锈、氧化皮或其他黏附磁粉的物质。零件表面的不规则状态不得影响检测结果的正确性和完整性，否则应做适当的修理。图 2-19 所示为钢件淬火裂纹磁粉检测结果。

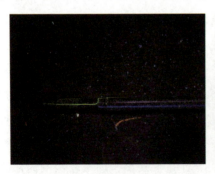 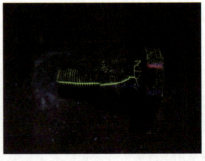

图 2-19　钢件淬火裂纹磁粉检测结果

2.4 渗透检测的原理、特点和应用

2.4.1 渗透检测原理

将细管插入液体中时,由于表面张力和附着力的作用,管内的液体可能呈凹面而上升(当液体润湿管子时),也可能呈凸面而下降(当液体不润湿管子时),这种现象称为毛细管现象或者称毛细管作用。渗透检测是基于毛细管现象揭示非多孔性固体材料表面开口缺陷的无损检测方法,其基本原理是:由于毛细管作用,涂覆在洁净、干燥零件表面上的荧光(或着色)渗透剂会渗入到表面开口缺陷中;去除零件表面的多余渗透剂,并施加薄层显像剂后,缺陷中的渗透剂回渗到零件表面,并被显像剂吸附,形成放大的缺陷显示;在黑光(或白光)下观察显示,可确定零件缺陷的分布、形状、尺寸和性质等,如图 2-20 所示。

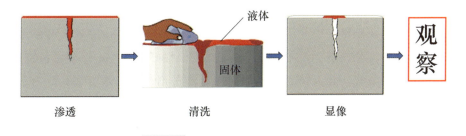

图 2-20 渗透检测基本过程示意图

渗透检测设备分为便携式和固定式。便携的渗透检验设备是各种喷罐,如图 2-21 所示。常见的是一次性气雾剂喷罐,通常由渗透剂喷罐、清洗/去除剂喷罐、显像剂喷罐及一些小工具组成套箱提供,使用方便。也可采用容量较大、能重复填充、多次使用的喷罐,通入一定压力的压缩空气或二氧化碳,使内装的各种渗透材料雾化喷射。固定的渗透检测设备一般包括预处理、渗透、乳化、水洗、干燥、显像和检验等工位的装置,可以是由多个工位组合的一体化小型装置,也可以是由多个独立的工位装置,按一定形状(线形或 L 形或 U 形)排列而成的中型、大型生产检验线,如图 2-22 所示。设备可以

是手动的装置,也可以是半自动或全自动的装置。设备需要结构紧凑,布置合理,有利于操作和控制。

图 2-21　便携式喷罐

图 2-22　荧光渗透检测线

渗透检测过程中需要使用的试剂包括渗透剂、去除剂、乳化剂和显像剂。

渗透剂是涂覆在零件表面上,能渗入表面开口缺陷中并再回渗到零件表面的染料溶液。其主要成分是染料、溶剂、表面活性剂及互溶剂等辅助组分。溶剂具有溶解染料和产生渗透两种作用,是渗透剂的主体,应该具有渗透力强、挥发性小、毒性小、无腐蚀性、对染料溶解性好等特性,还要经济性好。渗透剂按所含染料,分为荧光渗透剂和着色渗透剂;按去除方法,分为水洗型(也称为自乳化型)渗透剂、亲油性后乳化型渗透剂、溶剂去除型渗透剂和亲水性后乳化型渗透剂;按灵敏度等级,将荧光渗透剂分为最低级(1/2 级)、低级(1 级)、中级(2 级)、高级(3 级)和超高级(4 级)5 个灵敏度等级,着色渗透剂不分灵敏度等级。

去除剂是用来去除零件表面多余渗透剂的溶剂,应具有的综合性能主要包括:对渗透剂中的染料有足够的溶解性,对渗透剂中的溶剂有很好的互溶性,对渗透剂中的各种组分不产生化学反应,对渗透剂的荧光亮度(或着色色度)不产生降低作用。

乳化剂具有乳化和洗涤两种作用,是非离子型表面活性剂,分为亲水性乳化剂和亲油性乳化剂两种类型。乳化剂应具有的综合性能包括:性能稳定,与渗透剂兼容,良好的乳化性和洗涤性,较高的容水量,耐渗透剂污染,高闪点,低挥发,无腐蚀,无毒,无不良气味等。

去除零件表面多余渗透剂后,被施加到零件表面上,能够加速渗透剂回渗、放大显示和增强对比度的材料称为显像剂。显像剂的综合性能主要包括:细微的粒度,较强的吸湿性,较强的黏附性,易去除性,无荧旋光性(用于荧光渗透检验)或无消色性(用于着色渗透检验),无腐蚀性,无毒性,价格低廉等。常用的显像剂有干粉显像剂、水溶性湿显像剂、水悬浮性湿显像剂、荧光用非水湿显像剂、着色用非水湿显像剂、特殊应用显像剂。

荧光渗透检验,完成显像后,需要用黑光来激发荧光染料,使其发出荧光,观察荧光显示。渗透检测中还需要使用人工缺陷标准试块,铝合金淬火裂纹试块(A型标准试块)用于比较两种渗透剂性能的优劣;不锈钢镀铬试块(B型标准试块)用于检查渗透检验操作的正确性和定性地检查渗透系统的灵敏度等级;黄铜镀镍铬试块(C型标准试块)用于定量地鉴别渗透剂的性能和灵敏度等级。

2.4.2 渗透检测的特点

渗透检测主要用于检测各种非多孔性固体材料制件的表面开口缺陷。适用于原材料、在制零件、成品零件和在用零件的表面质量检验。

渗透检测优点:

(1)显示直观,操作简单,一次可检测多件零件中任意方向的缺陷。

(2)检测灵敏度高,可检测出开度小至$1\mu m$的裂纹。

(3)不受材料本身成分和组织的限制。

(4)可以借助内窥镜检测内表面。

渗透检测的局限性:

(1)只能检测零件的表面开口缺陷。

(2)不适用于检测多孔性工件。

(3)对零件和环境有污染。

2.4.3 渗透检测的应用

渗透检测可检测非多孔性零件表面开口的裂纹、折叠、分层、冷隔、夹杂、气孔、针孔、疏松等缺陷。在金属原材料生产中可检测薄板、箔及异形截面产品表面的完好性;在切削刀具生产中检测刀片、焊缝和支撑材料,检查热处理、钎焊及磨削中出现的问题；在电力和燃气工业中，检查冷凝器镍铜管、蒸汽发生器镍铜管、板上的焊缝、高架杆上的滑动接头等；船舶工业中检测奥氏体钢管道焊接接头，镍铜合金及不锈钢等非铁磁性材料的复合层板，螺旋桨的轮体和叶片，不锈钢压力容器蒸汽罐的接头与管嘴，泵壳与涡轮铸件，非铁磁性材料的反应堆管道系统焊接接头等；在坦克、装甲车辆、小型战术导弹、火器及仪器的制造与维修中，用于检验各种非铁磁性材料的零、部件，如铝制发动机活塞与壳体，铝制自动变速齿轮箱，铝制轮、盘、连杆、摇臂壳体、排气管及热交换器等；航空航天是渗透检验应用最广泛的工业领域，在飞机制造、飞机维修、导弹和其他飞行器制造中，检测铝合金、镁合金、钛合金、铜合金、奥氏体不锈钢、耐热合金等非铁磁性材料制造的各种铸件、锻件、机械加工件和焊接件。

航空发动机铸造高温合金叶片，使用荧光渗透检测方法检查其表面质量。根据叶片检测要求、表面状态、缺陷类型等因素，选择适合叶片的荧光渗透检测的材料，确定检测方法和灵敏度。如果所检的叶片是空腔叶片，还应制作必要工装并进行工艺优化以减少检测过程中叶片内腔残留渗透液对检测背景干扰，如图2-23所示。此类专用工装应使叶片在整个渗透过程中处于稳定状态和固定位置，避免操作及运送周转过程中造成的挤压和磕碰；叶片与叶片之间留有足够的空间有利于叶片的渗透、清洗、乳化和显像操作。图2-24所示为此类叶片荧光渗透检测显示的裂纹缺陷。

图2-23　空腔叶片专用工装　　　图2-24　高温合金叶片表面裂纹

使用荧光渗透检测技术检测大型复杂铸件（如图2-11所示的风扇机匣）的表面缺陷时，需要特别注意在盲孔、内腔中会堆积大量渗透液，会使清洗困难，荧光背景过深，虚假显示多，影响缺陷的显示和判断。为了避免出现以上问题，可以使用静电喷涂方法，该方法可使渗透液或显像剂均匀地分布在工件表面上，并增加它们对工件表面的附着力，故灵敏度可相应提高。另外，对于此类零件内腔缺陷显示，由于结构复杂，存在很多内孔等肉眼不可达部位，需要使用相关设备（内窥镜等）代替人眼来观察内腔渗透显示，如图 2-25 所示。由于内窥镜的放大作用，对于较小的缺陷（如裂纹和气孔等）借助探头白光和黑光源等切换能够很好地观察出缺陷本身，如图 2-26 所示，必要时还可进行缺陷长度、深度和面积的测量，如图 2-27 所示。

图 2-25　用于铸件内壁渗透检测的内窥镜观察

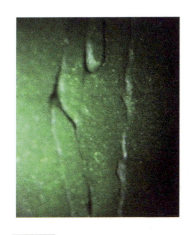

图 2-26　内窥镜观察的缺陷显示

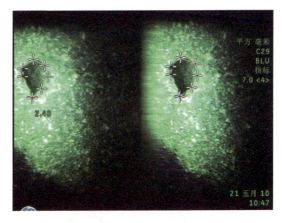

图 2-27　内窥镜对缺陷面积的测量

2.5 涡流检测的原理、特点和应用

2.5.1 涡流检测原理

涡流检测是基于电磁感应原理的一种无损检测方法。电磁感应现象是指放在变化磁通量中的导体，会产生电动势，此电动势称为感应电动势或感生电动势。由于电磁感应，当导电体处在变化的磁场中或相对于磁场运动时，其内部都会感应出电流。这些电流的特点是：在导体内部自成闭合回路，呈漩涡状流动，因此称为涡旋电流，简称涡流。由于导体自身各种因素，如电导率、磁导率、形状、尺寸和缺陷等的变化，会引起感应电流的大小和分布的变化，根据此变化可检测导体缺陷、膜层厚度和导体的某些性能，还可用以进行材质分选。

涡流检测是把通有交流电的线圈接近被检导体，由于电磁感应作用，线圈产生的交变磁场会在导体中产生涡流。同时该涡流也会产生磁场，涡流磁场会影响线圈磁场的强弱，进而导致线圈电压和阻抗的变化。导体表面或近表面的缺陷，将会影响涡流的强度和分布，涡流的变化又会引起检测线圈电压和阻抗的变化，根据这一变化，可以推知导体中缺陷的存在。图 2-28 所示为涡流检测原理示意图。

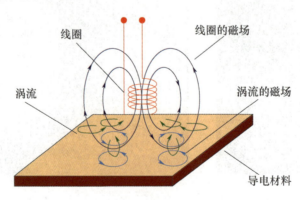

图 2-28 涡流检测原理示意图

涡流检测线圈是涡流检测系统的重要组成部分，它是在被检测导电材料或零件表面及近表面激励产生涡流并感应和接收材料或零件中感生涡流的再生磁场的传感器，对于检测结果的好坏起着重要的作用。针对产品的不同类型，涡流检测线圈可设计、制作成不同的形式。

涡流检测仪是涡流检测系统的核心部分。根据不同的检测对象和检测目的，研制出各种类型和用途的检测仪器。尽管各类仪器的电路组成和结构各不相同，但工作原理和基本结构是相同的。涡流检测仪的基本组成部分和工作原理是：激励单元的信号发生器产生交变电流供给检测线圈，放大单元将检测线圈拾取的电压信号放大并传送给处理单元，处理单元抑制或消除干扰信号，提取有用信号，最终显示单元给出检测结果。根据检测对象和目的的不同，涡流检测仪器一般可分为涡流探伤仪(图2-29)、涡流电导仪和涡流测厚仪3种。

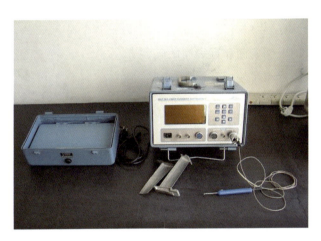

图 2-29　涡流探伤仪

涡流检测辅助装置是指除检测线圈和仪器之外的、对材料或零件实施可靠检测所必要的装置，主要包括磁饱和装置、试样传动装置、探头驱动装置等。磁饱和装置是一种通过输入直流磁化电流对被检测的铁磁性材料或制件实施饱和磁化，以达到消除被检测对象因磁导率不均匀而对检测结果产生干扰影响的专用装置。试样传动装置用于形状规则产品的自动化检测，在管、棒材生产线上的应用最为广泛。探头驱动装置用于控制驱动探头运动。

2.5.2 涡流检测的特点

涡流检测的适用范围包括：检测导体表面或近表面折叠、裂纹、孔洞和夹杂等缺陷；测量或鉴别电导率、磁导率、晶粒尺寸、热处理状态、硬度；测量非铁磁性金属基体上非导电涂层的厚度，或者铁磁性金属基体非铁磁性覆盖层的厚度；还可用于金属材料分选、检测其成分、微观结构和其他性能的差别。

涡流检测的优点：

(1) 检测速度快，易于实现自动化检测，特别适用于管、棒材的检测。

(2) 在一定范围内有良好的线性指示，可对大小不同的缺陷进行评价。

(3) 能在高温状态下进行管、棒、线材的探伤。

(4) 能较好地适用于形状较复杂零件的检测。

涡流检测的局限性：

(1) 只能检测导电材料。

(2) 只能检测工件表面和近表面缺陷。

(3) 检测灵敏度相对较低。

2.5.3 涡流检测的应用

涡流检测缺陷技术主要应用于管、棒材的在线检测与入厂复验检测、管道的在役检测和非规则零件制造与使用过程的检测。在管、棒材检测时，检测线圈与管、棒材接近程度越高，检测灵敏度越高。用填充系数来描述线圈与试样尺寸关系，即填充系数越高，检测灵敏度越高。但是由于管棒材的平直度、轴对称性和椭圆度总是存在一定的偏差，加上传动装置运行中可能造成管、棒材出现微小的偏离，如果仅关注追求填充系数的提高，必然会增大检测线圈被高速运行的管、棒材撞击的概率和摩擦损耗。针对被检测的管、棒材，尽可能提高填充系数和防止检测线圈受撞击或过度磨损这两个基本原则协调处理好即可。图 2-30 所示为钛合金棒材上不同深度人工槽伤的涡流响应信号。

涡流技术检测缺陷还可用于航空发动机盘件检测（图 2-31）。国内对其应用目前仍主要局限于在役件的维修检查（原位、离位），相比之下，欧美国家除在航空发动机盘件的维修检查中广泛应用涡流检测之外，在盘件的制造阶段也已大量引入涡流检测。

第 2 章 金属制件常规无损检测技术简介

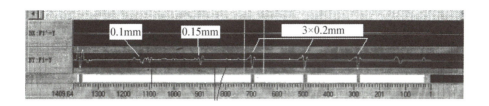

图 2-30 钛合金棒材上不同深度人工槽伤的涡流响应信号

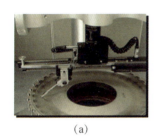 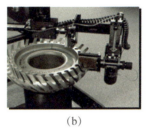 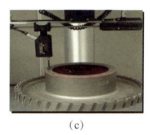

(a) (b) (c)

图 2-31 发动机盘件的涡流自动检测示意图
(a)盘面检测；(b)榫槽检测；(c)螺栓孔检测。

非铁磁性金属的电导率测量和材质分选是涡流检测技术的主要应用领域之一。电导率的测量是利用涡流电导仪测量出非铁磁性金属的电导率值，通过电导率值的测量结果可以进行材质的分选、热处理状态的鉴别及硬度、抗应力腐蚀性能的评价。材质分选可以通过电导仪测量出不同材料的电导率值进行，也可以利用其他类型涡流仪器（如涡流探伤仪、涡流测厚仪）检测出由于材料导电性的差异引起的涡流响应的不同，并据此进行不同材质的分选。这种检测往往不是准确的定量测量，而是定性的测试分析。

涡流测厚技术适用于基体材料为非铁磁性材料，如常见的铜及铜合金、铝及铝合金、钛及钛合金，以及奥氏体不锈钢等，测量非导电的绝缘材料覆盖层厚度，如漆层、阳极氧化膜等。

参考文献

[1] 王自明. 航空无损检测概论[M]. 北京:国防工业出版社,2019.
[2] 史亦韦,梁菁,何方成. 航空材料与制件无损检测技术新进展[M]. 北京:国防工业出版社,2012.

第 3 章　主要增材制造工艺制件的无损检测特点

根据填充材料方式和高能束种类的不同，常用的金属增材制造工艺可分为激光直接沉积（laser direct metal deposition，LDMD）、电子束熔丝沉积（electron beam freeform fabrication，EBFF）、激光选区熔化（selective laser melting，SLM）、电子束选区熔化（electron beam selective melting，EBSM）及电弧熔丝增材制造（wire arc additive manufacture，WAAM）5 种[1-2]。其中，LDMD 和 EBFF 工艺主要用于框梁类大型金属结构件的成形，SLM 和 EBSM 工艺具有成形件尺寸精度高、表面光洁度好等特点，尤其适用于复杂薄壁结构及异型空腔结构的成形，WAAM 工艺具有沉积速率高、制造成本低等优势，主要应用目标为大尺寸复杂构件的低成本、高效快速近净成形。上述 5 种金属增材制造工艺的技术特点对比如表 3-1 所示，本章将对这 5 种增材制造工艺及其无损检测特点进行详细介绍。

表 3-1　5 种金属增材制造分类工艺的技术特点对比

特点		分类				
		LDMD	EBFF	SLM	EBSM	WAAM
输出热源		激光	电子束	激光	电子束	电弧
材料形式		粉末	熔丝	粉末	粉末	熔丝
工作环境		惰性气体	真空	惰性气体	真空	大气环境
技术特点	零件尺寸	大中型	大型	中小型	中小型	超大型
	复杂程度	较复杂	较复杂	极复杂	极复杂	较复杂
	表面质量	一般	差	优异	良好	很差
	后续加工	少量加工	少量加工	几乎零加工	几乎零加工	较多
	制造效率	高	最高	低	中	很高
	成形精度	良	中	高	高	差
	专用模具	无	无	无	无	无

3.1 激光直接沉积工艺制件的无损检测

3.1.1 激光直接沉积工艺简介

1. 基本原理

激光熔粉直接沉积作为金属激光增材制造的一种典型工艺，是将增材制造的"叠层累加"原理和激光熔覆技术有机结合，以金属粉末为加工原料，通过"激光熔化-快速凝固"逐层沉积，从而形成金属零件的制造工艺。

激光直接沉积工艺的基本原理是，利用高能量激光束将与光束同轴喷射或侧向喷射的金属粉末直接熔化为液态，液态金属冷却凝固后在基材表面形成熔覆层。根据成形件 CAD 模型的分层切片信息，运动控制系统控制 X、Y 工作台、Z 轴上的激光头和送粉喷嘴按预定轨迹运动，逐点、逐线、逐层形成具有一定高度和宽度的金属层，最终堆积凝固成尺寸和形状上非常接近于最终零件的"近形"金属制件，如图 3-1 所示。图 3-2 所示为简化后的激光直接沉积工艺成形过程。

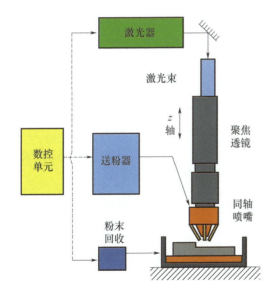

图 3-1
激光直接沉积工艺的基本原理

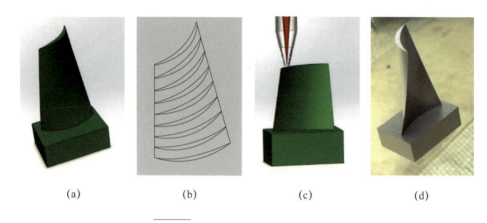

图 3-2 激光直接沉积工艺成形过程

(a)CAD 建模；(b)切片分层；(c)沉积成形；(d)三维零件。

2. 主要特点

激光直接沉积工艺的主要优点[3]：

(1)力学性能好，组织致密，无宏观偏析和缩松，组织细小均匀。

(2)与激光选区熔化工艺相比，激光直接沉积工艺的最大优势是成形件尺寸不受工作台限制，可制造大尺寸零件。

(3)材料来源广泛，可方便实现多种材料零件的成形。

(4)可通过调整送粉比例变化所熔覆层的成分，打印梯度材料。

激光直接沉积工艺的主要局限性：

(1)需使用高功率激光器，设备造价较昂贵。

(2)成形时热应力较大，成形精度不高。

激光直接沉积工艺在大型金属零部件多品种小批量生产、金属零部件的修复及制备功能梯度材料等方面具有很大的潜力。

3.1.2 激光熔粉直接沉积制件的显微组织

由于增材制造是材料逐层熔化沉积和快速凝固的过程，该工艺将材料制备与零件成形过程合二为一，因此其组织特征与常规锻件及铸件等存在很大差异。下面将以 TC4 钛合金、TC18 钛合金、GH4169 高温合金及梯度材料为例，介绍激光熔粉直接沉积制件的组织特征。

1. TC4 钛合金

图 3-3 所示为 TC4 钛合金激光熔粉直接沉积制件的显微组织。由图 3-3(a) 可知，成形件的宏观组织由贯穿多个熔覆层呈外延生长的粗大 β 柱状晶组成，柱状晶主轴垂直于激光束扫描方向或略向光束扫描方向倾斜。由于在激光扫描过程中，熔池底部的温度梯度最高，同时基本垂直于激光束扫描方向，而熔池底部也是熔池凝固开始的地方，因而原始的柱状 β-Ti 晶粒将沿着沉积方向连续外延生长。宏观组织呈现明暗交替生长的现象是因为组织内不同的结晶学取向所致[4]。图 3-3(b) 为成形件 β 晶内的微观组织，从图中可以看到，原始的柱状 β-Ti 晶粒的微观组织是由极少量针状 α 和大量的魏氏 α 板条组成的。

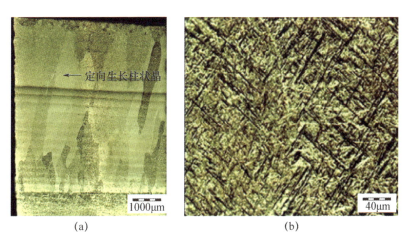

图 3-3 TC4 钛合金激光熔粉直接沉积制件的显微组织
(a)宏观组织；(b)微观组织。

2. TC18 钛合金

针对 TC18 钛合金激光熔粉成形材料，对不同成形方向的截面(图 3-4) 进行高低倍显微镜观察的结果如图 3-5 和图 3-6 所示。

由图 3-5 可知，在三个不同的截面上，TC18 钛合金激光熔粉直接沉积制件的组织呈现不同形态，$X-Y$ 平面(垂直沉积方向的截面)低倍形貌照片可观察到明显的高能束扫描道与道之间的搭接区，搭接区为模糊晶，扫描道内为清晰晶；在 $Z-X$ 平面和 $Y-Z$ 平面(平行沉积方向的截面)上可见不同熔覆层之间的层带组织，以及贯穿多个熔覆层、呈外延生长的粗大 β 柱状晶。

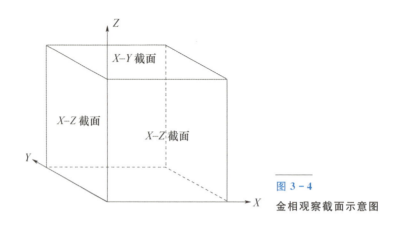

图 3-4 金相观察截面示意图

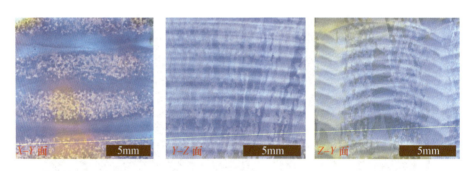

图 3-5 TC18 钛合金激光熔粉直接沉积制件的宏观组织

图 3-6 所示为 TC18 钛合金激光熔粉制件的微观组织。从图中可以看到，激光束扫描的搭接区（重熔区），宏观表现为略浅色带状，与激光束扫描方向一致，搭接区的显微组织较正常组织更为粗大，α 相（白色）片层间距较宽。

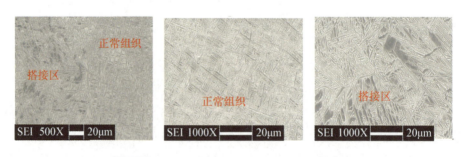

图 3-6 TC18 钛合金激光熔粉制件的微观组织

3. GH4169 高温合金

采用交叉扫描方式(图 3-7)成形的激光熔粉 GH4169 合金的显微组织[4]如图 3-8 所示。由图 3-8(a)可知,由于采用交叉扫描的成形方式,在此截面上,相邻熔覆层之间交替呈现不同的形貌,同时,每一层的沉积都会使前一层的部分区域发生重熔,图 3-8(a)中虚线标注的区域,重熔区宽度约为 0.3~0.4mm,单层沉积高度约为 0.8mm[5]。有研究表明,形成熔融痕迹层带条纹形貌的原因是条纹线区域与其他区域的显微组织不同,在每层的熔池底部为平界面状生长,长离底部后为树枝状生长。

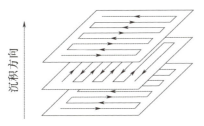

图 3-7 激光扫描路径示意图

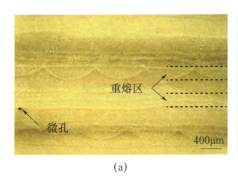
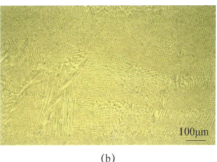

(a) (b)

图 3-8 GH4169 合金激光熔粉制件的显微组织
(a)宏观组织;(b)微观组织。

图 3-8(b)所示为激光熔粉 GH4169 合金沿沉积方向截面的微观组织,从图中可以看出成形件由生长方向不一的细长枝晶组成。在激光成形过程中,凝固始终自熔池底部向熔池顶部进行,在凝固过程中熔池液态金属与其固相基底始终保持接触,粉末同步送入熔池中导致熔池向激光扫描方向倾斜。根据晶体生长理论,枝晶的生长方向主要由其与最大温度梯度方向最为接近的择优取向决定,因此枝晶的生长也向扫描方向倾斜。由于相邻熔覆层的激光

扫描方向交叉垂直，熔池内部温度梯度方向不同，因此后一层的枝晶生长方向与前一层存在一定的偏差。由于激光快速熔凝所具有的高梯度、高速度的凝固特征，所得组织细密、均匀，枝晶一次间距约为 5～10μm。

4. 梯度材料

激光直接沉积工艺的一大优势是可用于梯度材料的直接成形，这是其他成形工艺难以实现的。西北工业大学凝固技术国家重点实验室针对在航空发动机热端部件上具有重要应用前景的 SS316L/Rene88DT、Ti/Rene88DT 和 Ti‐6Al‐4V/Rene88DT 梯度材料在激光熔粉成形中的梯度结构设计、工艺控制和组织演化规律进行了较为系统的研究[6]；北京航空航天大学开展了 Ti/TA15、TA15/TA1、TC4/TA15/BT22 等多种钛合金梯度材料的激光熔粉成形研究[7]；北京有色金属研究总院则对部分梯度复合材料激光熔粉成形的工艺技术和内部的应力、应变控制进行了初步研究[8]。

图 3‐9 所示为某激光熔粉成形 TA2/TA15 梯度材料的宏观组织。研究发现 TA2 部分宏观组织为近等轴晶组织，显微组织为魏氏 α 片层组织，TA15 部分宏观组织是粗大的柱状晶，显微组织是细小的网篮组织。如图 3‐10 所示的梯度区成分和组织，可观察到随着沉积层的叠加，梯度区的成分渐变，组织也逐渐由魏氏 α 片层向细小网篮组织转变[7]。

图 3‐9

TA2/TA15 梯度材料纵截面宏观组织

由此可知，材料种类不同，激光熔粉沉积成形件的组织也各有特点。但其共同特点是，宏观组织不均匀，表现为多层熔覆层组织，以及穿越熔覆层呈外延生长的柱状晶，这种组织的不均匀性对无损检测过程可能产生的影响是不容忽视的。

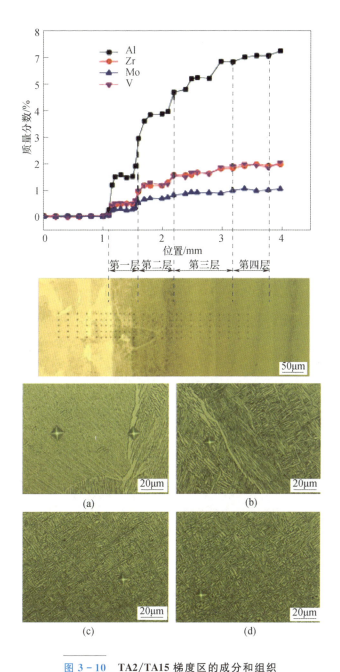

图 3-10　TA2/TA15 梯度区的成分和组织

(a)梯度区成分；(b)第一层微观组织；(c)第二层微观组织；
(d)第三层微观组织；(e)第四层微观组织。

3.1.3 激光熔粉直接沉积制件的主要缺陷

在高功率激光束长期循环往复"熔化—搭接—凝固堆积"的激光熔粉成形过程中,主要工艺参数、外部环境、熔池熔体状态的波动和变化、扫描填充轨迹的变换等不连续和不稳定,都可能在零件内部产生各种特殊的内部冶金缺陷,如卷入性和析出性气孔,层间及道间未熔合,细微夹杂物,表面及内部裂纹等。

1. 气孔

气孔是激光熔粉成形材料中最常见的缺陷,其尺寸多在几十微米至几百微米范围内,在制件内随机分布,有的以单个形式存在,有的以多个气孔密集存在。图 3-11 所示为典型的激光熔粉成形制件内部气孔在金相显微镜下的形貌。气孔形成的原因:一部分为随粉末带入熔池的气体,当金属结晶时,来不及逸出留在凝固组织内形成;另一部分为成形过程中保护气体卷入熔池形成。

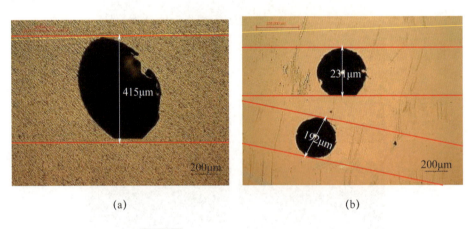

图 3-11 在金相显微镜下气孔的形态
(a)单个气孔;(b)多个气孔。

2. 未熔合

未熔合是激光熔粉成形材料中的一种缺陷形式,这种缺陷通常较大,尺寸可达到毫米量级,形态不规则,多分布在熔覆层间或扫描道间,可能含有未完全熔化的粉末,典型形态如图 3-12 所示。未熔合类缺陷受成形工艺影响较大，工艺特征参量（能量密度、搭接率及 Z 轴单层行程 ΔZ 等）控制不当，均容易出现未熔合缺陷。

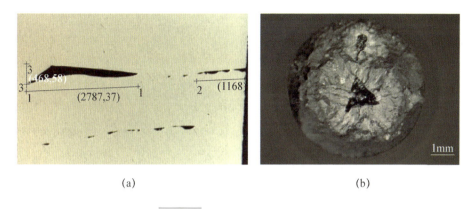

图 3-12　典型未熔合缺陷形貌

3. 夹杂

夹杂是激光熔粉成形材料中的一种缺陷形式，图 3-13 所示为钨夹杂缺陷形貌与能谱图，尺寸为 $0.25\text{mm} \times 0.17\text{mm}$。高密夹杂也是激光熔粉成形材料中的一种夹杂缺陷，由于其密度大于基体材料而得名。这类缺陷通常是由原材料粉末中带入的。

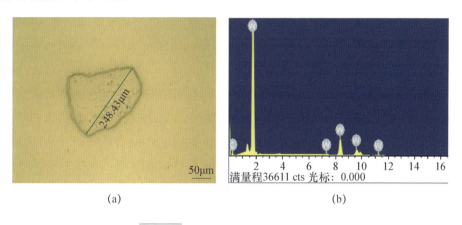

图 3-13　钨夹杂缺陷形貌与能谱图

4. 表面裂纹

表面裂纹是激光熔粉成形材料中的一种表面缺陷形式，是材料物理性能和残余应力综合作用的结果。这种缺陷可以采用荧光渗透检测方法进行检测，缺陷形貌如图 3-14 所示。

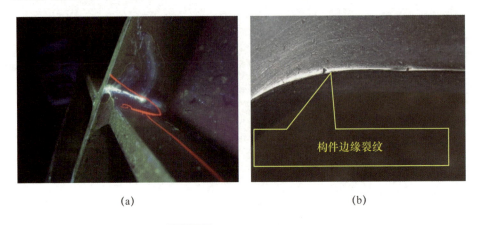

图 3-14　表面裂纹缺陷形貌

3.1.4　激光熔粉直接沉积制件的无损检测特点

1. 组织特征对超声检测的影响

以往的经验表明，材料组织差异会引起超声波在材料中传播过程的衰减出现变化，这一变化可通过观察声能衰减引起的底面回波幅度的变化来研究。对于激光熔粉成形件而言，研究发现，其底波幅度与成形组织之间具有一定的对应关系[9]。

图 3-15 所示为某激光熔粉成形 TC18 材料不同成形方向的超声底波监控 C 扫描图像及低倍照片。其中，X 表示高能束步进方向，Y 为高能束扫描方向，Z 为熔融沉积方向（即成形方向），如图 3-16 所示。

由图 3-15(a)~(c)可知，激光熔粉成形材料在 3 个方向上的衰减不均匀，且分布规律各异；同一方向、不同位置的底波差异超过 20dB（Z 向）。图 3-15(d)~(f)显示，在 3 个不同的截面上，其组织呈现不同形态，低倍照片与 C 扫描图像具有良好的一致性。

由此可知，增材制造材料不同截面上组织特征差异大，具有明显的方向性和非均匀性，导致超声波在不同方向上的衰减有差异，且不均匀，将对缺陷的检出和定量评价准确度产生影响。

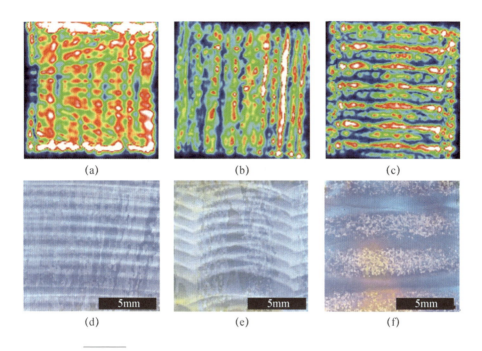

图 3 – 15 某激光熔粉成形 TC18 材料不同成形方向的超声底波监控 C 扫描图像及低倍照片

(a) X 向底波监控；(b) Y 向底波监控；(c) Z 向底波监控；
(d) $Y-Z$ 平面（X 向）；(e) $X-Z$ 平面（Y 向）；(f) $X-Y$ 平面（Z 向）。

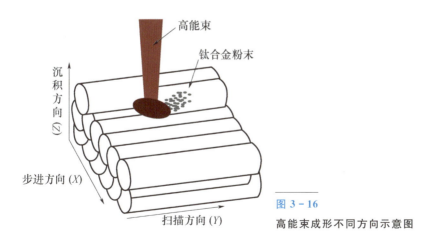

图 3 – 16 高能束成形不同方向示意图

图 3 – 17 所示为某激光熔粉成形 TC11 材料不同成形方向的超声底波监控 C 扫描图像及低倍照片。由此可知，TC11 材料在任何一个方向上底波幅度也

不均匀，且不同方向的底波幅度变化规律也存在较大差异，X、Y 向底波变化沿熔融沉积方向呈条带状分布，Z 向则多呈点状分布，且 Z 向不同部位底波幅度差异大于 X、Y 向。其不同截面上的组织差异也很大，在 $Y-Z$ 平面和 $X-Z$ 平面内均可观察到外延生长并贯穿多层熔积层的柱状晶，而在 $X-Y$ 平面内则观察到分布不均匀的清晰晶与模糊晶，未发现扫描束之间搭接的痕迹，这与 TC18 材料不同。

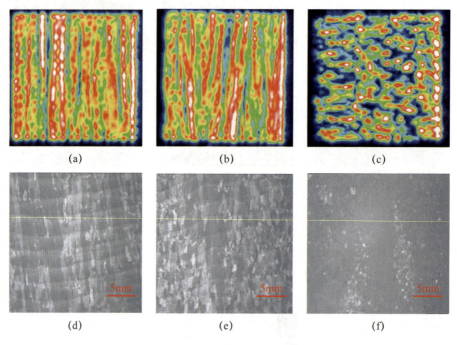

图 3-17　某激光熔粉成形 TC11 材料不同成形方向的超声底波
监控 C 扫描图像及低倍照片

(a) X 向底波监控；(b) Y 向底波监控；(c) Z 向底波监控；(d) $Y-Z$ 平面(X 向)；
(e) $X-Z$ 平面(Y 向)；(f) $X-Y$ 平面(Z 向)。

由此可知，不同牌号增材制造材料的组织分布特征也并不相同，且不同截面差异明显。因此，制作与被检制件相同工艺、相同材料、相同成形方向的超声检测对比试块是进行制件检测与评价的必要条件。

声速是影响检测的另一个重要的声学参量。图 3-18 所示分别为沿平行于沉积方向和垂直于沉积方向的 TC18 激光熔粉成形材料的超声波声速。各声速测量位置对应的底波幅度不同，平行于沉积方向在 35~49dB 范围内，垂直于沉积方向在37～61dB范围内。由图3-18可知，在同一成形方向上，无论该测量点位于材料超声波衰减较大还是较小的位置，声速分布都较为均匀；虽然同一成形方向上由于组织差异对超声波衰减造成了严重影响，但对于超声波声速并未产生显著影响。与同一成形方向不同位置声速变化特征不同，激光熔粉增材制造材料不同成形方向之间声速存在明显差异。不同成形方向之间声速的差异从另一个方面说明了增材制造材料具有明显的各向异性。

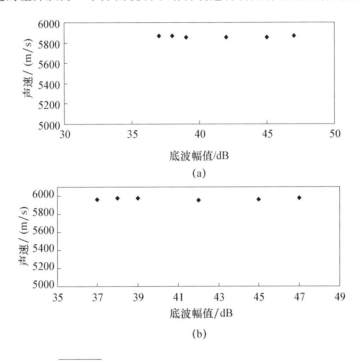

图 3-18 TC18激光熔粉成形材料的超声波声速

(a) 平行于沉积方向；(b) 垂直于沉积方向。

声速是反映材料特性的重要超声检测特征参量，在进行超声检测时，必须及时进行声速的校准从而保证缺陷定位结果的准确性；对于增材制造材料，还应特别注意不同成形方向声速的差异对缺陷定位准确性的影响。

材料中超声波衰减和声速的差异，也会对超声检测灵敏度造成影响。灵敏度以可发现的平底孔直径表示，超声波在特定尺寸平底孔的回波幅度的变化，是检测灵敏度变化的标志。图3-19中给出了厚度60mm的TC18激光熔粉成形材料不同成形方向上$\phi 0.8$mm平底孔的回波幅度对比结果。由此可知，激光熔粉成形材料不同方向上相同尺寸平底孔的回波幅度有差异，在进行灵敏度调整和缺陷评定时应引起重视。

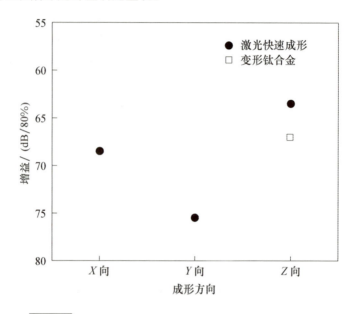

图 3-19　激光溶粉成形工艺不同方向平底孔回波幅度对比

（注：变形钛合金 Z 向即变形方向）

图 3-19 中还给出了相同试验条件下，变形钛合金的 $\phi 0.8$ mm 平底孔的回波幅度。通过对比可知，激光熔粉成形材料除 Z 向之外，其他方向平底孔反射均低于变形钛合金。因此，如果采用变形钛合金对比试块进行激光成形 X 向、Y 向灵敏度的调整，将导致实际检测灵敏度偏低，从而使小缺陷无法有效检出。

由此可知，TC18 直接沉积成形钛合金不同方向上声特性差异大，在超声检测时，应分别使用与被检对象成形方向相同的试块进行检测灵敏度调整和缺陷评定，不同成形方向的试块不能相互替代使用。

综上所述，因为激光直接沉积增材制造材料不同方向上组织特征的差异，使得不同方向上超声波声特性不同，从而导致不同方向检测时的相同尺寸平底孔反射幅度不同，所以使得缺陷的检出和定量评价结果存在不确定性，这是增材制造材料超声检测的一个显著特点。

2. 主要无损检测方法对典型缺陷的检测能力

如本书第 2 章所介绍,不同无损检测方法有各自的适用范围,超声检测和射线检测都是适用于内部缺陷检测的方法,但两种方法对不同缺陷的检测能力有显著差异。对于激光熔粉直接沉积成形制件中的典型缺陷,通过超声、X 射线照相检测与金相解剖结果的对比,可以分析不同方法对激光熔粉制件缺陷的检测能力和特点,从而为检测方法的选择和检测工艺的制订提供依据。

1)气孔和夹杂类缺陷

气孔是激光熔粉制件中最常见的缺陷之一,无论射线检测还是超声检测,其可检出性与气孔的尺寸密切相关,还与材料的厚度和密度相关,同时,材料的各向异性对缺陷的超声可检性也存在影响。

图 3-20 所示为对某 TC11 含自然缺陷激光熔粉成形试样,使超声波声束分别沿 X 向、Y 向、Z 向入射进行内部缺陷检测的超声 C 扫描图像。比较 3 个方向的检测结果可以看到,同一缺陷在不同声束入射方向的超声显示差异很大[10]。声束沿沉积方向(Z 向)入射时,缺陷显示幅度最大,经评定当量尺寸为 $\phi 0.44\text{mm}$。这是对大量试样进行试验后得到的普遍规律。

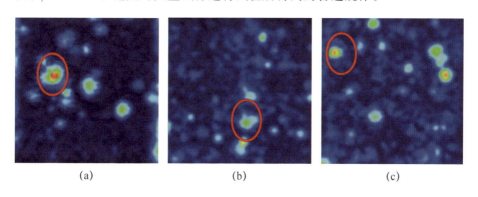

图 3-20　TC11 试样不同方向超声 C 扫描结果

(a)Z 向;(b)X 向;(c)Y 向。

对于气孔和夹杂这类体积型缺陷而言,缺陷不同方向上的尺寸基本相同,因此进行超声检测时不同方向入射得到的缺陷当量尺寸也应该基本相同。结合前面激光熔粉成形材料组织特征对无损检测影响的分析可知,激光熔粉成形材料在不同成形方向上组织特征的差异,将对缺陷评定结果产生很大影响。

因此，在进行增材制造材料超声检测声束入射方向的选择时，应考虑不同方向组织差异可能带来的影响。

对同一试样分别在厚度为 28mm 和厚度减为 20mm 后沿 Z 向进行 X 射线透照，厚度为 28mm 时，未显示出缺陷，厚度减为 20mm 后，检测出高密夹杂缺陷，尺寸为 $\phi0.1\sim\phi0.3$mm。

表 3-2 所示为一组 TC11 试样中气孔和夹杂缺陷的超声和 X 射线检测结果。其中缺陷埋深和超声当量是材料厚度为 28mm 时超声检测的缺陷数据。材料厚度为 28mm 时，X 射线只检出了一个 $\phi1.1$mm（超声当量）的气孔；材料厚度减小为 20~22mm 时，X 射线检出了 $\phi0.1\sim\phi0.5$mm（超声当量）的高密夹杂；材料厚度减小为 14.5~16.5mm 时，X 射线检出了部分 $\phi0.5\sim\phi0.6$mm（超声当量）的气孔缺陷。由此可知，采用 X 射线检测时，材料厚度对检测灵敏度产生明显影响。

表 3-2　典型缺陷的超声和 X 射线检测结果

试样编号	缺陷埋深 /mm	超声当量（Z 向） /mm	X 射线检测结果	
			第一次检测（厚度为 28mm）	第二、三次检测（厚度减小）
1#	20.38	$\phi0.48$	×	高密夹杂，尺寸 $\phi0.1\sim0.5$mm（厚度 20mm）
2#	21.85	$\phi0.44$	×	高密夹杂，尺寸 $\phi0.1\sim0.5$mm（厚度 22mm）
3#	4.74	$\phi0.44$	×	高密夹杂，尺寸 $\phi0.1\sim0.3$mm（厚度 20mm）
4#	18.6	$\phi1.1$	×	×（厚度 19mm）
5#	17	$\phi0.49$	×	×（厚度 17.5mm）
6#	24.45	$\phi0.42$	×	×（厚度 25mm）
7#	10.4	$\phi1.1$	气孔	—
8#	15.88	$\phi0.64$	×	气孔（厚度 16.5mm）
9#	14.38	$\phi0.53$	×	气孔（厚度 14.5mm）
10#	25.35	$\phi0.90$	×	×（厚度 26mm）
11#	8.25	$\phi0.82$	×	×（厚度 20mm）
12#	14.95	$\phi0.52$	×	×（厚度 15mm）

注：表中×表示未检出，—表示未透照。

对试样中的缺陷进行解剖分析,图 3-21 所示为解剖得到的典型缺陷的金相照片。对 1♯ 试样中缺陷的能谱分析表明该缺陷为钨夹杂,金相照片中测得的缺陷尺寸为 0.25mm×0.17mm,小于超声检测评定的当量值 ϕ0.48mm。

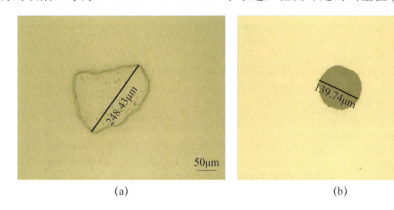

图 3-21　解剖得到的典型缺陷的金相照片

(a)钨夹杂;(b)气孔。

超声波评定缺陷的当量尺寸是以与实际缺陷反射幅度相同的平底孔尺寸来表示的,由于实际缺陷受形状、粗糙度等因素影响,回波幅度通常低于平底孔的光滑圆形底面的反射回波,因此,评定的当量尺寸通常小于实际尺寸。分析这一试验结果情况相反的原因可能有以下几点:①严格来讲,应该采用平探头进行缺陷当量评定,而此次在评定缺陷时采用的是聚焦探头,可能带来了定量误差;②对缺陷打磨并进行金相观察时,不能保证所观察到的截面一定为缺陷尺寸最大的截面,也能造成缺陷尺寸实测值比定量评价结果偏小。

解剖还发现 4♯ 试样中是多个密集气孔,其中包含的单个气孔尺寸小于 0.1mm,超声波探头声束直径大于 1mm,难以分辨距离很近的小缺陷,往往将多个密集缺陷的信号叠加显示为一个大缺陷,导致超声定量结果偏大。而在 X 射线透照时,对于 0.1mm 以下小缺陷无法显示。这可能也是其他几个试样中超声可检的缺陷 X 射线不可检的原因。

综上所述,对于气孔和夹杂类缺陷,材料厚度对 X 射线的检测灵敏度影响很大,超声检测对于较大厚度内的小尺寸缺陷的检测能力高于 X 射线检测;受材料各向异性影响,不同方向入射的超声波对同一缺陷的评定结果有差异,声束沿沉积方向(Z 向)入射时,缺陷显示最大;对于多个密集小缺陷,超声波检测可能将其叠加成为一个大缺陷进行显示,而 X 射线检测则可能无显示。

2) 未熔合类缺陷

以下将以含有未熔合缺陷的某 TA15 试验件（图 3-22）为例，介绍超声、X 射线、荧光渗透等不同无损检测方法的检测情况。

图 3-22　激光熔粉成形短梁试验件

图 3-23 所示为声束沿不同方向入射得到的试验件超声 C 扫描图像。由此可知，声束从成形方向入射时，缺陷幅度较高，显示的缺陷反射面也较大；而声束从垂直于成形方向入射时，采用同样灵敏度（$\phi 0.8$ mm 平底孔），没有得到明显的缺陷显示信号，即使采用了更高的检测灵敏度（$\phi 0.4$ mm 平底孔），缺陷的幅度也较低。上述结果说明缺陷在垂直于成形方向上呈层状分布，声束沿成形方向入射，可保证声束与缺陷最大延伸面垂直，得到最佳检测效果。与气孔类缺陷相比，未熔合缺陷本身的各向异性对不同方向超声波入射时缺陷的检出起到了更大的作用，同一缺陷不同方向回波幅度的差异远大于气孔类缺陷，因此，需要考虑对超声波检测声束入射方向做出规定，并对不同方向检测给出不同的缺陷验收标准。

图 3-24 所示为 X 射线检测显示的缺陷，图中记号笔标记部位为 X 射线检测发现缺陷的位置。缺陷主要分布在没有工字梁的平板部位，在与超声检测结果的比较中发现，受工字梁厚度大及结构的影响，工字梁部位的缺陷采用 X 射线的方法不能有效地检测出。对于 X 射线检测来说，缺陷沿透照方向的尺寸越大，射线衰减越明显，得到的影像对比度越大，因此，缺陷延伸方向平行于透照方向会更易检出，对于未熔合类缺陷来说，垂直于沉积方向进行 X 射线透照是最佳方案。由此可以看到，X 射线和超声波检测的优选方向是相互垂直的，可以根据制件的形状和成形方向，两种方法互为补充。

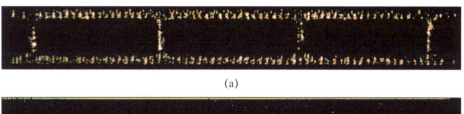

图3-23 不同成形方向的超声检测结果
（a）成形方向（ϕ0.8mm平底孔检测灵敏度）；
（b）垂直于成形方向（ϕ0.4mm平底孔检测灵敏度）。

图3-24 X射线检测显示的缺陷（记号笔标出的部位）

图3-25所示为零件局部减薄后（厚度4~5mm）沿沉积方向入射的X射线检测结果。零件中缺陷的二维形状在底片上有很好的显示，X射线检测底片所显示缺陷和超声波检测结果能够很好地吻合，缺陷沿激光扫描方向成条状分布。由此可知，在厚度足够小的情况下，X射线检测在沉积方向也能检测出未熔合缺陷，而且采用X射线检测方法可以判断缺陷的类型，如疏松、裂纹、气孔、未熔合等，且不受近表面盲区的限制。因此，在增材制造制件检测过程中，将超声和X射线检测方法结合使用，互为补充，是保证缺陷有效检出的重要手段。

图 3-25 减薄后的 X 射线检测底片

采用荧光检验进行表面开口缺陷的检测是最合适的。图 3-26 所示为荧光渗透检测典型表面缺陷显示，长条、单个显示、多个显示均具有不同的特征。由图 3-27 的显示分布特征可知，激光熔粉成形材料中的未熔合缺陷在垂直于成形方向上呈层状分布，这与超声检测结果及成形工艺是一致的。

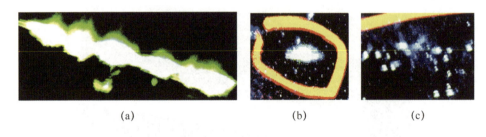

(a)　　　　　　　　　　　(b)　　　　　　　　　　　(c)

图 3-26　荧光检验几种典型表面缺陷

(a)长条状缺陷，且有一定深度；(b)单个缺陷；(c)多个缺陷聚集。

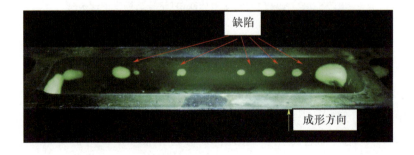

图 3-27　缺陷在垂直于成形方向上沿某一层分布

3.1.5 典型制件的无损检测方案

1. 激光熔粉直接沉积工艺制件的无损检测总体方案

激光熔粉直接沉积工艺适用于制造较大型的框梁结构，通常根据厚度和成形方向，选择超声或射线对内部缺陷进行检测。例如，典型的飞机结构厚度可能达到几十毫米至上百毫米，而如前所述，典型的气孔类缺陷尺寸为几十微米至几百微米，X射线检测灵敏度往往不能满足要求，为了尽可能检测出小尺寸缺陷，优先采用超声检测。对于成形尺寸较薄的制件，外表面主平面平行于沉积方向的制件，也可以直接采用射线检测，并根据形状和尺寸采用超声检测进行补充。

成形之后的制件表面凹凸不平，为了能够实施超声检测，必须对制件表面进行机械加工，达到一定的平整度。同时，超声检测时近表面有盲区，接触法检测盲区为5~10mm，水浸法检测盲区为2~3mm，因此，机械加工后进行超声检测的阶段需要在零件最终尺寸之外保留一定的加工余量。

对内部缺陷进行超声检测之后，对零件精加工至最终尺寸，此时，大部分区域尺寸变薄，射线检测可以检测出更小的缺陷，为了弥补初次检测的不足，可以增加一次射线检测，并根据材料的不同，采用渗透检测或磁粉检测方法对零件的表面缺陷进行检测。

在针对具体制件进行超声检测时，由于结构尺寸和成形方向，因此还要解决一些具体工艺和实施方面的难题。

为了尽可能保证小缺陷检测的可靠性，超声检测优选水浸聚焦C扫描成像技术进行检测，检测频率为5~10MHz，并采用与被检件相同材料和工艺，且与被检表面相同沉积方向的试块进行检测灵敏度设定。射线检测应选用较高质量级别的要求实施检测。渗透检测对于吹砂表面零件或机械加工表面的大型零件，使用荧光自乳化渗透检测方法，对于钛合金承力构件，采用高级灵敏度(即3级灵敏度)渗透液；对于结构较简单的机械加工表面零件，使用荧光后乳化渗透检测方法，对于钛合金承力构件，采用高级灵敏度(即3级灵敏度)渗透液。

激光熔粉直接沉积工艺制件中的缺陷无损检测能力如表3-3所示。

表 3-3 激光熔粉直接沉积工艺制件中的缺陷无损检测能力

检测方法	检测灵敏度
超声检测	厚度 75mm，ϕ0.4mm 平底孔当量
射线检测	透照厚度 4～33mm；0.08～0.32mm
荧光检测	缺陷尺寸 0.3mm

2. 大型框梁结构的超声检测

图 3-28 所示为典型激光熔粉直接沉积飞机结构件检测面及检测方向。激光熔粉成形制件沿熔融沉积方向为超声检测的最有利方向，因此在对制件检测时，尽量选择平行于熔融沉积方向作为超声波入射方向，对于特殊结构无法从沉积方向检测时，可从其他方向进行补充检测。

此典型件上下两个大平面为主检测面，超声波垂直入射时平行于沉积方向，连接上下平面的立筋从两个方向进行检测，端头位置从图 3-28(b)中的 3 个方向入射进行检测。

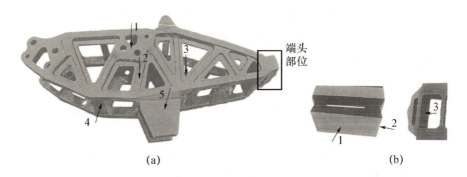

(a) (b)

图 3-28 典型激光熔粉直接沉积飞机结构件检测面及检测方向
(a)整体示意图；(b)端头部位分解示意图。
（注：图中箭头表示检测方向，数字表示检测面）

为了保证小缺陷检测的可靠性，采用水浸聚焦 C 扫描成像技术进行检测，检测频率为 10MHz。图 3-29 所示为典型飞机结构件超声 C 扫描成像结果。

增材制造技术的特点之一是材料沿一个固定方向堆积成形，有时沿平板厚度方向成形为大平板；有时以一个较小的宽度生长得很高，形成"高墙结构"（图 3-30），这种结构在上述典型制件中也存在。对于高墙结构部位，为

图 3-29　典型飞机结构件超声 C 扫描成像结果

了检测层间未熔合，有可能需要使超声波沿高度方向入射，从而带来了大厚度和窄壁结构严重降低超声检测灵敏度、减小可检区域的难题。

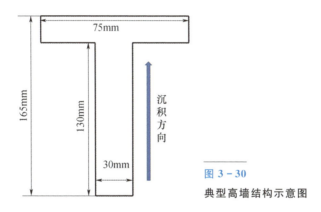

图 3-30
典型高墙结构示意图

根据以往的研究经验，采用聚焦声束可显著提高大厚度材料中的检测灵敏度和信噪比。同时，由于聚焦声束焦点直径小，因此在一定程度上减小了窄壁结构对超声检测带来的不利影响。由于聚焦区域范围有限，为了在较大深度范围内都保持较高的灵敏度水平，可采用分区聚焦技术进行高墙结构的检测。

通过优选分区聚焦探头参数，对检测工艺进行优化，可以显著提高检测信噪比。图 3-31 所示为高墙结构检测工艺优化效果的对比。由 C 扫描结果可知，与工艺优化前的单一探头检测相比，分区聚焦方法得到的平底孔成像清晰，干扰信号少，具有更高的检测灵敏度和信噪比，可实现大厚度范围内的高灵敏度检测。

3. 激光熔粉成形整体叶盘超声检测

典型钛合金整体叶盘是沿盘厚度方向堆积成形盘体，再从圆周面向外沉

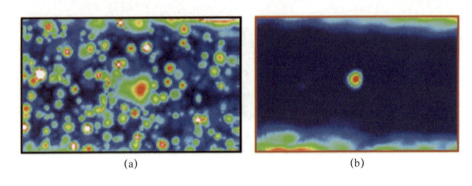

图 3-31　高墙结构检测工艺优化效果的对比

(a)单探头；(b)分区聚焦。

积成形叶片。图 3-32 所示为激光熔粉成形整体叶盘局部典型结构图，叶根、叶片等部位结构复杂，叶片部位相互遮挡，影响超声波的入射，曲面部分使得超声探头扫查轨迹十分复杂，因而超声检测难度很大，尤其是叶根、叶片等特殊部位的检测显得尤为困难。

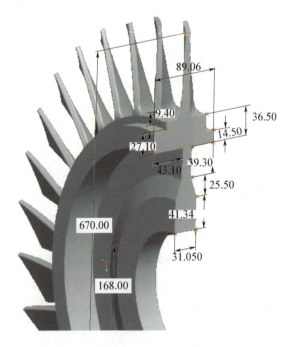

图 3-32　激光熔粉成形整体叶盘局部典型结构图

1)叶根检测方案的确定

增材制造整体叶盘在成形过程中,叶根与盘体结合部位容易成为薄弱环节,需要对该部位进行具有针对性的检测;然而,叶根部位结构的复杂性容易给检测带来不利影响,空间有限又导致探头可达性差,采用数值模拟的方法可直观地得到复杂结构中的声场分布规律,对于检测工艺的制订具有参考意义。

图3-33所示为采用CIVA超声波模拟软件进行叶根检测覆盖情况模拟的过程,通过对比不同探头频率下,纵波直入射、纵波斜入射、横波斜入射等不同检测方式的声束覆盖和缺陷响应情况,并结合在人工伤上的验证实验,确定出的叶根检测方案为:采用10MHz聚焦探头以纵波直入射和纵波斜入射相结合的方式,保证叶根部位的全覆盖检测。

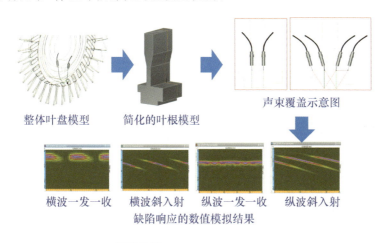

图3-33 叶根检测模拟过程

2)专用对比试块的制作

由于整体叶盘不同部位的检测要求和结构特点各不相同,无法采用常规对比试块完成整个叶盘的检测,有必要分别针对盘体、叶根、叶片部分设计制作专用超声检测对比试块,图3-34所示为整体叶盘叶根部位对比试块设计图示例。

3)整体叶盘超声检测方案

(1)盘体部分。采用纵波直入射水浸聚焦C扫描法进行盘体检测,10MHz聚焦探头,声束入射方向和入射面如图3-35所示。

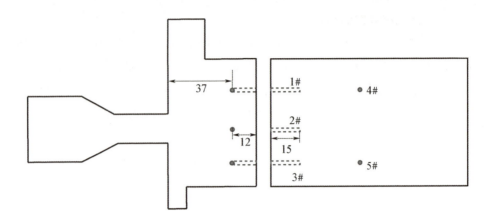

图 3-34 整体叶盘叶根部位对比试块设计图示例

（注：1~3#为斜入射检测灵敏度调整用 ϕ0.8mm 横孔，4#、5#为直入射检测灵敏度调整用 ϕ0.8mm 平底孔）

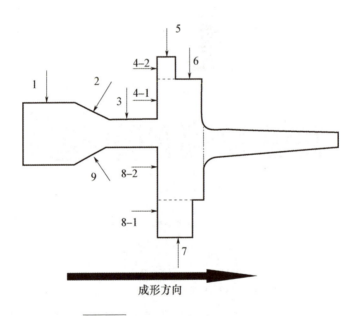

图 3-35 盘体检测面及声束入射方向

（注：箭头表示声束入射方向，数字表示检测面）

(2) 叶片部分。

探头：25MHz 聚焦探头，晶片直径为 6.35mm，加装的声反射镜，如图 3-36 所示。

图 3-36 声反射镜

声束入射方向:探头通过机械系统自动调整,保证声束与被检测叶片表面垂直,正反面检测,每个检测方向检测叶片宽度的一半,如图 3-37 所示。

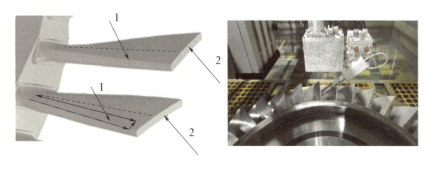

图 3-37 叶片扫查

(3)叶根部分。

声束入射方向:如图 3-38 所示,采用纵波直入射和斜入射相结合的方式进行检测,每种入射方向对应扫查部位(如图中红色标注),两种扫查区域的合成应覆盖整个叶根部位。

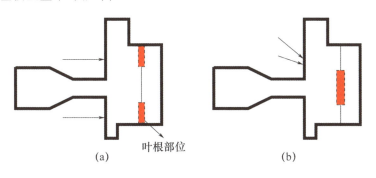

图 3-38 叶根检测覆盖示意图

(a)叶根直入射检测;(b)叶根斜入射检测。

探头：10MHz 聚焦探头，晶片直径为 10.9mm，焦距为 88.9mm。

4) 整体叶盘典型件的无损检测结果

图 3-39 所示为整体叶盘盘体部位的超声检测结果，在盘体上埋深 13mm 处发现 1 个缺陷，评定当量为 $\phi 0.8mm + 14dB$。

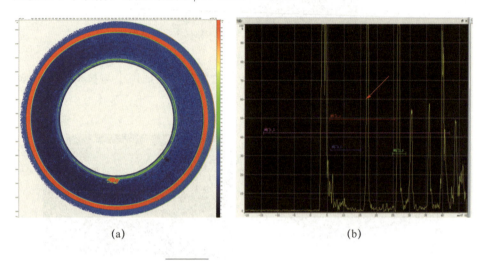

图 3-39　1#面超声检测结果

(a) C 扫描图；(b) 缺陷 A 扫描信号。

为了验证所形成的检测方案对整体叶盘叶片的检测效果，首先采用 X 射线检测方法对所有叶片进行逐一透照，共发现 4 处异常显示，包括未熔合 2 处，气孔 2 处，分别分布于 3#、5#、11#、19#叶片。

对叶片进行超声检测的结果，可检出 11#、19#叶片上 X 射线检测发现的缺陷，3#、5#叶片上缺陷所处位置厚度小于 2mm，位于超声检测近表面盲区内而无法检出（实际叶片上超声上表面盲区为 2mm 左右，下表面盲区不大于 1mm）；除 X 射线检测发现的缺陷之外，超声检测还在其他叶片上发现了大量小缺陷。图 3-40 所示为 19#叶片上 X 射线检出缺陷的超声扫描结果。

由此可知，所形成的检测方案可实现叶片部位缺陷的高灵敏度检测。但对于叶片上厚度小于 2mm 的部位，由于受超声检测近表面盲区影响，为超声检测无法覆盖区域，推荐采用 X 射线方法进行补充检测。

4. 激光熔粉成形起落架外筒超声检测方案

考虑到激光熔粉成形制件缺陷的特殊性，实际检测时应选择以超声水浸

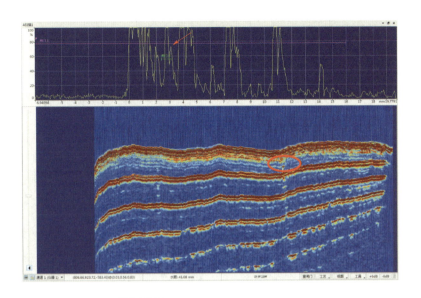

图 3-40　19#叶片的超声扫描结果

法分区聚焦检测为主，提高小缺陷的检测能力，对于无法实施水浸检测的部位采用接触法进行检测。

激光熔粉成形起落架外筒，主体为一圆筒形结构，筒外壁有大面积不规则耳片，尾部为大厚度结构，如图 3-41 所示。若使用常规的棒材、管材等自动检测设备进行检测，难以实现零件夹持及平稳转动；同时，零件外表面较为粗糙且存在大面积遮挡，因此，声束不能从筒外壁入射进行筒体检测。

图 3-41　起落架外筒外形结构

针对上述问题，北京航空材料研究院研制起落架筒形件专用超声水浸自动扫查与评价系统，采用了长轴 X 卧式设计的专用工装，将装有声反射镜的

10MHz 聚焦探头置于圆筒内,声束沿径向垂直入射,实现了从内壁对起落架筒体的水浸式超声 C 扫描检测,如图 3-42 所示。耳片部位和尾部使用 5MHz 接触法探头进行检测。

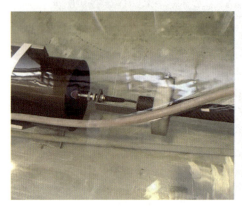

图 3-42　长轴 X 的外形结构

针对起落架外筒的特殊复杂结构,专门设计制作圆弧形对比试块和平表面阶梯对比试块,分别用于起落架外筒筒体部分和耳片、尾部的检测。

3.2　电子束熔丝工艺制件的无损检测

3.2.1　电子束熔丝工艺简介

1. 基本原理

电子束熔丝沉积技术以高能量密度和高能量利用率的电子束作为加工热源,采用丝材替代粉末作为原材料,具有成形速度快、材料利用率高、无反射、能量转化率高等特点,成形环境为真空,特别利于大中型钛合金、铝合金等高活性金属零件的成形制造,但该技术成形零件表面质量较差,需要后续表面加工[11]。

电子束熔丝工艺的基本原理如图 3-43 所示。该工艺以真空环境的高能电子束流为热源,直接作用于工件表面,在前一沉积层或基材上形成熔池。送丝系统将丝材从侧面送入,丝材受电子束加热融化,形成熔滴。随着工作台的移动，使熔滴沿着一定的路径逐滴沉积进入熔池，熔滴之间紧密相连，从而形成新的沉积层，层层堆积，直至零件完全按照设计的形状成形。

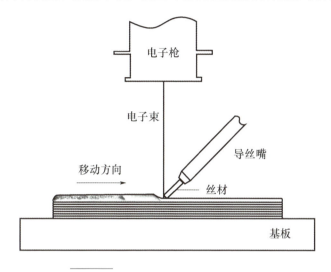

图 3-43　电子束熔丝工艺的基本原理

2. 主要特点

相比其他高能束增材制造技术，电子束熔丝工艺具有一些独特的优点[12]，主要表现在以下几个方面。

(1) 沉积效率高。电子束可以实现几十千瓦大功率输出，可以在较高功率下达到很高的沉积速率(15kg/h)，对于大型金属结构的成形，电子束熔丝沉积成形速度优势十分明显。

(2) 真空环境有利于零件的保护。电子束熔丝沉积成形在 10^{-3} Pa 真空环境中进行，能有效避免空气中有害杂质(氧、氮、氢等)在高温状态下混入金属零件，非常适合钛、铝等活性金属的加工。

(3) 内部质量好。电子束是"体"热源，熔池相对较深，能够消除层间未熔合现象；同时，利用电子束扫描对熔池进行旋转搅拌，可明显减少气孔等缺陷。

(4) 可实现多功能加工。电子束输出功率可在较宽的范围内调整，并可通过电磁场实现对束流运动方式及聚焦的灵活控制，可实现高频率复杂扫描运动。利用面扫描技术，能够实现大面积预热及缓冷，利用多束流分束加工技术，可以实现多束流同时工作，在同一台设备上，既可以实现熔丝沉积成形，也可以实现深熔焊接。利用电子束的多功能加工技术，可以根据零件的结构形式及使用性能要求，采取多种加工技术组合，实现多种工艺协同优化设计制造，以实现成本效益的最优化。

3.2.2 电子束熔丝制件的显微组织

本节将以航空制件常用的 TC4、TC18 钛合金为例，介绍电子束熔丝制件的显微组织特征。

1. TC4 钛合金

1）薄壁结构的组织特征

图 3-44 所示为采用电子束熔丝工艺成形的高为 120mm 的薄壁墙体结构及其宏观组织。可以观察到生长方向与沉积高度方向大约呈 15°角的原始粗大 β 柱状晶，宽 3~5mm，单个柱状晶贯穿几层到十几层熔积层不等[13]。

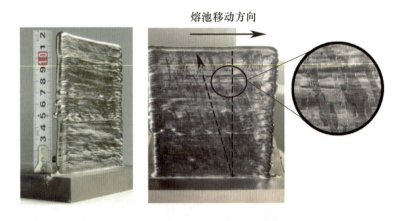

图 3-44 电子束熔丝成形 TC4 薄壁结构的宏观组织

在薄壁结构电子束熔丝工艺成形过程中，熔池温度梯度很高，因此其沿高度方向的分量远大于其他方向的分量，热量将朝基体方向散失，因此晶粒向上呈柱状晶生长。另外，整个过程处于真空环境，薄壁结构两侧仅靠热辐射散热。由于冷却速度很快，熔池后方金属已经凝固，加快了热量向熔池移动的反方向散失。这种热量散失的不均匀性导致了柱状晶与沉积高度方向呈一定角度。在多层熔积过程中，熔积形成新层时电子束将会把前一熔积层甚至前两层的金属全部重熔掉，与新送入的焊丝一起被熔入熔池，凝固时又将逆着热流方向延续前一层的柱状晶晶粒取向继续向上生长。该外延生长特性不仅保证了各层之间形成致密的冶金结合,而且保证了熔积生长晶粒的延续性。

2)实体结构组织特征[62]

图3-45为电子束熔丝工艺成形的TC4钛合金实体结构的宏观组织。将其按图3-45(a)所示截取A、B、C 3个截面。在层与层之间、道与道之间有深浅相间的条带花样[图3-45(b)、(c)],而表层金属却没有亮带,亮色条带是加工过程中熔化界面外基体部分受热而形成的热影响区。

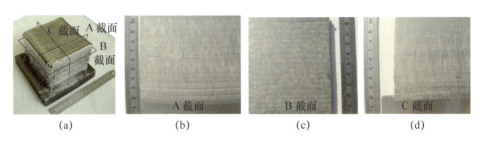

图3-45 电子束熔丝工艺成形的TC4钛合金实体结构的宏观组织

由图3-45可知,柱状β晶粒自下而上垂直生长,穿过多层条带。柱状晶生长方向与基体平面垂直,不同于薄壁结构的柱状晶与沉积高度方向呈一定角度。在实体结构成形过程中,熔池附近温度梯度除沿沉积高度方向的分量以外,其他方向的分量基本相同,热量将主要沿沉积高度方向散失,因此晶粒垂直向上生长。

2. TC18钛合金

图3-46所示为电子束熔丝成形TC18钛合金沿堆积方向的宏观组织。由此可知,成形后宏观组织为典型的沿堆积高度方向生长的粗大β柱状晶,其高度几乎贯穿于整个堆积试件。对比图3-46(a)和图3-46(b)可知,双丝工艺堆积对应的柱状晶宽度为0.5~4mm,整体较单丝工艺堆积对应的柱状晶宽度(0.5~2.5mm)稍宽。这主要是由于在成形过程中,双丝送进方式对应的熔池深,热输入能量大,导致基体集热效应较单丝大,对应的柱状晶也较粗大[14]。

图3-47所示为电子束熔丝成形TC18钛合金热处理后的显微组织。由此可知,单丝和双丝两种工艺热处理后的显微组织均为网篮组织和沿晶界分布

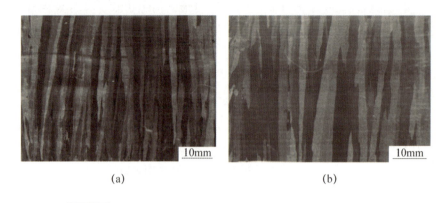

图3-46 电子束熔丝成形 TC18 钛合金沿堆积方向的宏观组织

(a)单丝；(b)双丝。

的初生α相。单丝沉积后，晶界α相多数呈不连续分布状态，如图 3-47(a)所示；双丝沉积后的晶界α相呈连续分布状态，如图 3-47(b)所示。

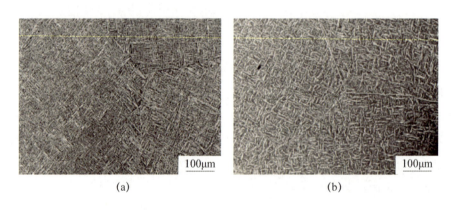

图3-47 电子束熔丝成形 TC18 钛合金热处理后的显微组织

(a)单丝；(b)双丝。

由此可知，材料种类和成形件结构不同，电子束熔丝成形件的组织也各有特点。但其共同特征与激光熔粉沉积类似，即宏观组织不均匀，表现为多层熔覆层组织，以及穿越熔覆层呈外延生长的柱状晶，并且电子束熔丝工艺形成的柱状晶尺寸普遍较激光直接沉积工艺更大。

3.2.3 电子束熔丝制件的主要缺陷

电子束熔丝成形材料中的缺陷类型及分布与激光熔粉成形材料相似,主要为气孔、未熔合等。

1. 气孔

研究发现[15],电子束熔丝成形过程中产生的气孔,根据形态特点,可分为内壁光滑型、内壁球状组织型及内壁不规则组织型3种,如图3-48所示。其中,少数粗大的气孔形状不规则,内壁粗糙,具有明显的撕裂状痕迹;大多数微观气孔内壁光滑。这些气孔均大致呈圆球形,属于气体所致气孔。

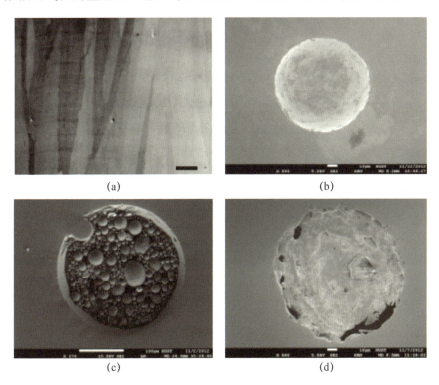

图 3-48 电子束熔丝成形件中的气孔形貌
(a)气孔宏观形貌;(b)内壁光滑气孔;
(c)内壁球状组织型气孔;(d)内壁不规则组织型气孔。

气孔形成的一个重要原因是材料表面不清洁,混入了灰尘、污垢等。在严格清理原材料的情况下,产生的缺陷大多由工艺引起。其主要原因是熔池金属凝固很快，金属蒸气来不及溢出而形成的。送丝不稳定、固态金属表面平整度、路径变化、束流波动、参数匹配不合理等因素也可导致气体逸出困难。气孔是电子束熔丝成形过程中产生的主要缺陷形式。严格控制成形丝材表面清洁度及丝材加工质量，结合热等静压技术，可有效控制气孔缺陷。

2. 未熔合

由于电子束熔丝成形的分层堆积三维成形特点，在成形过程中，受各种因素的影响，工艺参数控制不当或操作不规范等，都会使上下各沉积层之间或相邻沉积层之间未形成致密冶金结合而产生熔合不良或未熔合缺陷。

研究发现，未熔合缺陷出现在路径之间或层之间的交界处，常表现为平行于路径的链状缺陷。未熔合产生的原因主要与成形工艺有关。为避免未熔合缺陷的产生，工艺参数应匹配使得单道熔积体扁平，相邻路径搭接量的选择应使得成形金属表面较为平整，路径之间没有较深的沟槽；工艺过程应稳定，避免出现局部瘤状突起或较深的凹坑。如果不能满足表面平整和送丝稳定的要求，应加大电子束功率以提高工艺裕度，使得前一层金属和相邻路径搭接部分充分熔化，从而避免未熔合缺陷。

电子束熔丝成形件中的未熔合形貌如图3-49所示。

 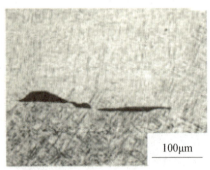

图 3-49　电子束熔丝成形件中的未熔合形貌

3.2.4　电子束熔丝制件的无损检测特点

1. 组织特征对超声检测的影响

研究发现，与激光直接沉积工艺类似，电子束熔丝制件的底波幅度变化与成形组织之间也具有一定的对应关系[9]。

图3-50所示为某电子束熔丝成形TC18钛合金不同方向的超声底波监控C扫描图像及低倍照片。其中，X、Y、Z方向的规定与激光直接沉积工艺相同（图3-16）。

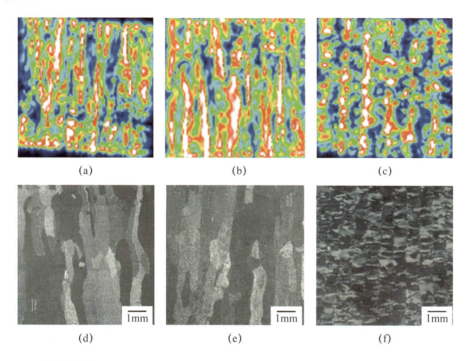

图3-50 电子束熔丝成形TC18钛合金的底波监控C扫描图像及低倍照片

(a) X向底波监控；(b) Y向底波监控；(c) Z向底波监控；
(d) Y-Z平面（X向）；(e) X-Z平面（Y向）；(f) X-Y平面（Z向）。

由图3-50(a)～(c)可知，电子束熔丝成形材料在任何一个方向上底波都不均匀，同一方向不同位置的衰减差异远远大于变形钛合金，最大差值达23dB（Z向）；同时，不同方向的衰减规律也存在较大差异，X、Y向底波变化沿熔融沉积方向呈条带状分布，Z向则多呈点状分布。通过图3-50(d)～(f)中的不同方向低倍照片的对比发现，电子束熔丝成形TC18钛合金材料不同成形方向上组织差异很大。在Y-Z平面和X-Z平面内组织形貌相近，均可观察到外延生长的柱状晶，柱状晶晶粒自下而上沿着熔融沉积方向生长，并贯穿多层熔积层，而在X-Y平面内观察到的为柱状晶的横截面。组织特征与底波监控C扫描图像具有较好的对应性。分析认为，电子束熔丝成形钛合金材料与变形钛合金相比具有明显的方向性，并且不同位置衰减差异大，表现为超声底波监控 C 扫描图像的不均匀性。

针对电子束熔丝成形 TC4 钛合金也进行了类似的比较，结果如图 3-51 所示。由此可知，TC4 电子束熔丝成形材料的组织也具有明显不均匀性，但其分布特征则与 TC18 电子束熔丝成形材料有所不同，在 Y-Z 平面和 X-Z 平面内的柱状晶分布较为杂乱，Z 向粗晶、细晶分布也无明显规律性。但两种材料不同成形方向的组织特征与底波监控扫查结果的对应性均较好。

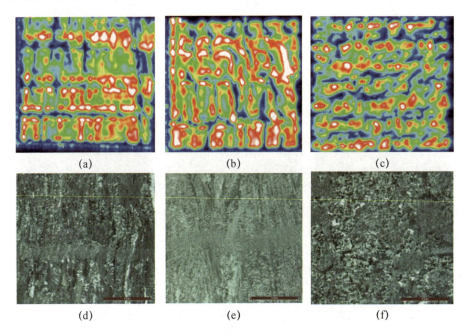

图 3-51 电子束熔丝沉积 TC4 钛合金的底波监控 C 扫描图像及低倍照片
(a)X 向底波监控；(b)Y 向底波监控；(c)Z 向底波监控；
(d)Y-Z 平面(X 向)；(e)X-Z 平面(Y 向)；(f)X-Y 平面(Z 向)。

与激光熔粉成形材料类似，不同牌号电子束熔丝成形材料的组织分布特征也并不相同，且不同方向截面间差异明显。

除衰减之外，声速是另一个表征材料特性的重要参数。图 3-52 所示为电子束熔丝成形 TC4 和 TC18 两种材料沿沉积方向和垂直于沉积方向的声速分布情况。由此可知，对于 TC4 电子束熔丝成形材料，同一声束入射方向不同部位及不同入射方向的声速差异均不大，可忽略不计。

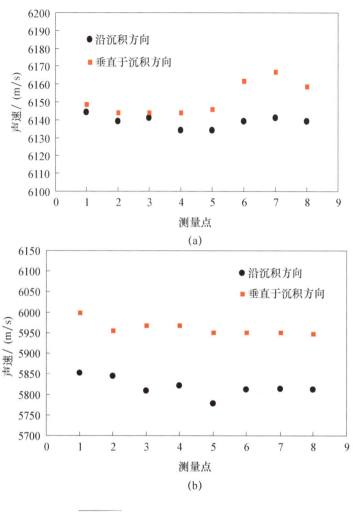

图 3-52 电子束熔丝成形材料的声速
(a)TC4；(b)TC18。

TC18 的声速分布特征则与 TC4 明显不同，除平均声速(约为 5890m/s)明显低于 TC4(约为 6145m/s)之外，还存在着明显的方向性，沿着沉积方向的声速比垂直于沉积方向低约 145m/s。

综上可知，同为电子束熔丝成形钛合金，材料牌号不同，其声速和衰减变化规律差异也很大，这在实际制件的超声检测过程中应引起注意。

与激光熔粉成形材料相似，电子束熔丝成形材料不同截面间显微组织的差异，引起声速和衰减的变化，将进而对不同入射方向超声检测时缺陷的定位和定量造成影响。

2. 主要无损检测方法对典型缺陷的检测能力

如前所述，电子束熔丝成形材料与激光熔粉成形材料相似，存在组织上的各向异性，其超声特性也同样存在各向异性，但常见缺陷的尺寸比激光熔粉成形材料略大。

图 3-53 所示为某 TC18 电子束熔丝成形典型缺陷试样的超声 C 扫描图像。声束分别从 Z 向、X 向、Y 向入射进行 TC18 电子束熔丝成形典型缺陷试样的超声 C 扫描检测，同一缺陷不同声束入射方向的 C 扫描图像及缺陷当量评定结果表明，同一缺陷在不同声束入射方向的超声显示差异很大。声束沿沉积方向入射时，超声检测的信噪比最高，缺陷当量尺寸均大于声束垂直沉积方向入射，差值均在十多分贝以上。因此，电子束熔丝成形制件的超声检测需要考虑优选的入射方向为平行于沉积方向。

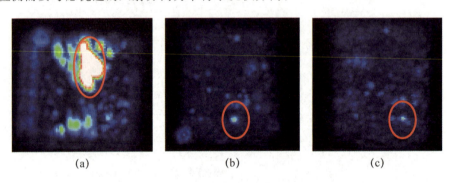

图 3-53　某试样不同方向 C 扫描图像

(a) Z 向；(b) X 向；(c) Y 向。

表 3-4 所示为一组 TC18 电子束熔丝成形典型缺陷试样的超声检测与 X 射线检测结果的对比，由此可知，采用 X 射线检测时，材料厚度对检测灵敏度影响明显。当厚度为 20~21mm 时，X 射线未能发现超声定量为 $\phi1.3$~$\phi1.5$mm 缺陷显示；当厚度减小至 13mm 以下时，X 射线可检出的最小缺陷尺寸为 $\phi0.4$mm（超声定量为 $\phi1.4$mm）。表 3-4 中数据与表 3-2 中的数据相比，可以看到，电子束熔丝成形制件典型缺陷普遍比激光熔粉直接沉积成形制件的缺陷尺寸大。

表 3-4 超声检测与 X 射线检测结果的对比

试样编号	试样厚度/mm	超声当量尺寸(Z 向)/mm	X 射线检测	缺陷性质
1#	21	φ1.5mm	未检出	—
2#	20	φ1.34mm	未检出	—
3#	8.5	φ1.13mm	检出，尺寸 φ1.2mm	气孔
4#	13	φ1.2mm	检出，尺寸 φ1mm	气孔、熔合不好
5#	10	φ1.38mm	检出，尺寸 φ0.4mm	气孔，组织异常
6#	12	φ1.38mm	检出，尺寸 φ0.5mm	气孔，组织异常
7#	12.5	φ1.06mm	检出，尺寸 φ1.2mm	气孔

荧光渗透检测可以清晰地显示表面气孔类缺陷，典型结果如图 3-54 所示。

图 3-54 荧光检测显示结果

工业 CT 检测方法可以对材料进行"切片式"成像检测，检测到的缺陷更全面，位置显示更精确。典型缺陷的工业 CT 显示如图 3-55 所示。

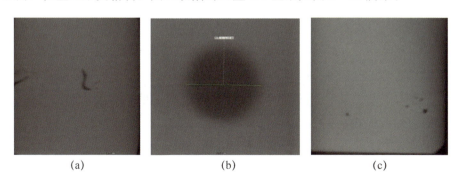

图 3-55 典型缺陷的工业 CT 显示
(a)未熔合；(b)单个气孔；(c)多个气孔。

对含缺陷试样进行解剖后的典型缺陷金相照片如图3-56所示。

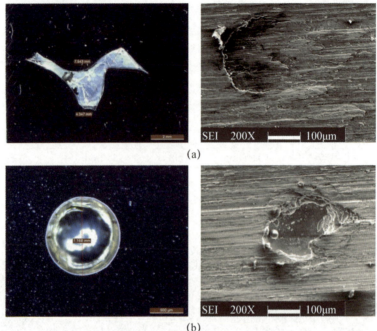

图 3-56　典型缺陷金相照片

(a)未熔合；(b)气孔。

表3-5所示为不同检测方法检出缺陷情况对比。由表3-5的结果可知，对电子束熔丝成形材料，超声检测方法具有较高的检测灵敏度，尤其在厚度较大制件的检测中具有优势，但不能给出缺陷性质，且当同一位置不同深度处存在缺陷时，不能对不同深度的缺陷进行良好的分辨。射线检测方法适合厚度较小的制件，在本例试验中，对厚度不大于13mm试样内的直径0.4mm以上的气孔缺陷能够明确检出，对厚度20mm以上的试样中的气孔则未能检出；另外，该方法对沿透照方向厚度尺寸较小的未熔合缺陷，也容易漏检。荧光渗透检测对电子束熔丝成形材料表面缺陷具有较好的检测效果；CT检测方法检测灵敏度较高，能够精确检测缺陷的位置、尺寸，并对缺陷性质具有一定的判断能力，但CT检测耗时长，成本高，且不适合较大体积制件的检测。

表 3-5 不同检测方法检出缺陷情况对比

试样编号	试样厚度/mm	超声当量尺寸/mm	X射线检测结果	荧光渗透检测结果	CT检测结果	金相检测结果
1#	21	1.5	未检出	表面未熔合	—	未熔合 7.5mm×4.3mm
2#	20	1.34	未检出	表面气孔	气孔、未熔合	多个气孔、未熔合
3#	8.5	1.13	气孔，尺寸 φ1.2mm	表面气孔	气孔	单个大气孔 1.17mm
4#	13	1.38	气孔，尺寸 φ1.0mm 熔合不好	表面气孔	—	—
5#	10	1.38	气孔，尺寸 φ0.4mm	表面气孔	气孔	气孔、未熔合，约2mm长
6#	12	1.06	气孔，尺寸 φ0.5mm	表面气孔	—	多个气孔
7#	12.5	1.34	气孔，尺寸 φ1.2mm	表面气孔	—	多个气孔

综上所述，在进行检测方法的选择时，应综合分析各种无损检测方法的优缺点，并充分考虑被检对象的尺寸、成形方向、缺陷性质、缺陷位置及检测灵敏度要求等，将各种无损检测方法结合使用。

3.2.5 典型制件的无损检测方案

电子束熔丝成形的制件往往比激光熔粉直接沉积制件更为厚大，因此，超声检测是内部缺陷检测的首选方法。制件的总体无损检测方案可以参照激光熔粉直接沉积制件的检测方案，超声检测优选平行于沉积方向入射进行检测。

下面以某电子束熔丝成形整体框的超声检测为例，简述电子束熔丝成形典型制件的无损检测方案。该制件为平面腹板加双面筋条的典型框类结构，毛坯件的外轮廓尺寸约为 1820mm×1100mm×60mm(长×宽×高)，腹板厚度为 20mm，单面筋条厚度为 10~20mm(不含腹板厚度)。

针对该制件的具体检测工艺如下。

(1)检验方法及类型。选用水浸聚焦法、纵波直入射超声 C 扫描检测，声束沿沉积方向入射；考虑到制件尺寸较大，需进行分段扫查；同时，制件包含筋条、腹板等不同厚度结构，需分别针对腹板、筋条分区域进行扫查。

(2)检测参数。选用 10MHz 水浸聚焦探头，TC18 电子束熔丝成形对比试块(含 ϕ0.8mm 平底孔)。腹板与筋条分别按埋深 3~20mm 和 3~40mm、ϕ0.8mm 平底孔绘制 DAC 曲线，设定检测灵敏度。腹板部分单面扫查，筋条部分双面扫查。

图 3-57 所示为 TC18 电子束熔丝成形整体框的局部超声检测 C 扫描图像。

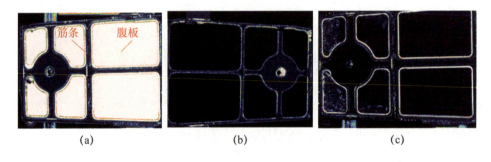

图 3-57　TC18 电子束熔丝成形整体框的局部超声检测 C 扫描图像
(a)正面筋条；(b)反面筋条；(c)腹板。

3.3　激光选区熔化工艺制件的无损检测

3.3.1　激光选区熔化工艺简介

1. 基本原理

激光选区熔化制造技术(selective laser melting，SLM)是使用激光照射预先铺好的金属粉末，粉末吸收激光能量后温度急剧上升超过金属熔点形成熔池。随着激光的移动，熔融金属温度急速下降并凝固，从而实现不同制备层间良好的冶金结合。金属零件成形完毕后将完全被粉末覆盖。

图 3-58 所示为激光选区熔化系统的工作原理。在已有的 3D 模型切片的轮廓数据基础上，生成填充扫描路径，设备将按照这些填充扫描线，控制激光束选区熔化各层的金属粉末材料，逐步堆叠成三维金属零件。激光束开始扫描前，铺粉装置先把金属粉末平推到成形缸的基板上，激光束再按当前层的填充轮廓线选区熔化基板上的粉末，加工出当前层，然后成形缸下降一个层厚的距离，粉料缸上升一定厚度的距离，铺粉装置再在已加工好的当前层上铺好金属粉末。设备调入下一层轮廓的数据进行加工，如此层层加工，直到整个零件加工完毕。整个加工过程在通有惰性气体保护的加工室中进行，以避免金属在高温下与其他气体发生反应。

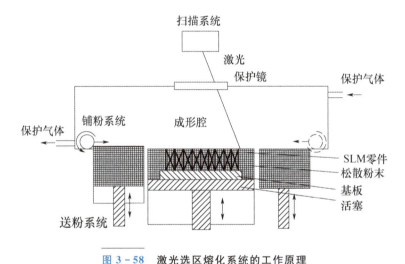

图 3-58　激光选区熔化系统的工作原理

SLM 设备一般由光路单元、机械单元、控制单元、工艺软件和保护气密封单元部分组成。激光器是 SLM 设备中最核心的组成部分，直接决定了整个设备的成形质量。高质量的激光束能被聚集成极细微的光束，并且其输出波长较短。铺粉质量是影响 SLM 成形质量的关键因素，目前 SLM 设备中主要有铺粉刷和铺粉滚筒两大类铺粉装置。

2. 主要特点

激光选区熔化技术采用精细聚焦光斑快速熔化 300~500 目的预置粉末材料，几乎可以直接获得任意形状及具有完全冶金结合的功能零件。致密度可达到近乎 100%，尺寸精度为 20～50μm，表面粗糙度为 20～30μm，是一种极具发展前景的成形技术，而且其应用范围已拓展到航空航天、医疗、汽车、模具等领域。

SLM 技术的主要优势如下。

(1)可以成形复杂零部件，如飞机栅格、发动机喷油嘴等。

(2)SLM 热源主要是光纤激光器，光束品质高，成形零部件精度和表面质量好，零部件表面一般只需要光整处理。

SLM 技术的主要局限性如下。

(1)由于激光器功率和扫描振镜偏转角度的限制，SLM 设备能够成形的零件尺寸范围有限，目前还不能整体制造 800mm 以上尺寸零件。

(2)由于使用到高功率的激光器及高质量的光学设备，机器制造成本高。

(3)在加工过程中，容易出现球化和翘曲。

(4)成形体结构密度控制效果不好，难以承受高载荷的结构效应。

3.3.2　激光选区熔化制件的显微组织

1. SLM 钛合金

图 3-59 为 SLM 钛合金(Ti-6Al-4V)不同方向低倍金相。其中，Z 向指沉积方向，Z 向的金相图像即垂直于沉积方向的截面的金相图像。由此可知，由于 SLM 材料采用逐层堆积成形，其低倍组织表现出明显的各向异性。

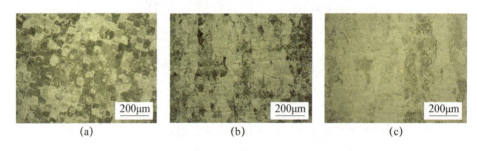

图 3-59　SLM 钛合金(Ti-6Al-4V)不同方向低倍金相

(a)Z 向；(b)垂直 Z 向 1；(c)垂直 Z 向 2。

沉积方向的组织为柱状晶的横截面，由棋盘状等轴晶组成。垂直于沉积方向的组织由柱状晶相互交错排列构成，生长方向几乎平行于沉积方向，柱状晶穿过几个熔覆层。这种宏观组织特征是由于 SLM 工艺在成形过程中有近似沿沉积方向向下的温度梯度,同时高能激光束在熔化单层粉末时会对已凝固的表层柱状晶进行重熔,导致柱状晶外延生长。

图 3-60 所示为 SLM 钛合金(Ti-6Al-4V)不同方向的高倍金相。不同方向的显微组织较为相似,均由原始 β 晶界、针状 α 相和转变 β 相组成。

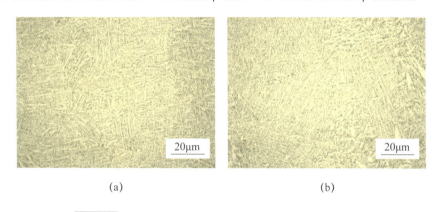

图 3-60　SLM 钛合金(Ti-6Al-4V)不同方向的高倍金相

(a)Z 向;(b)垂直 Z 向。

2. SLM 铝合金

图 3-61 和图 3-62 为 SLM 铝合金(AlSi10Mg)的高低倍组织形貌,其组织也表现出明显的各向异性。沉积方向可以看到熔池主要沿相互垂直的两个方向排布,这与激光选区熔化成形过程中激光束扫描路径有关。还可以看到较为清晰的熔池和熔池边界形貌。由于熔池内部的组织更为均匀、细小,因

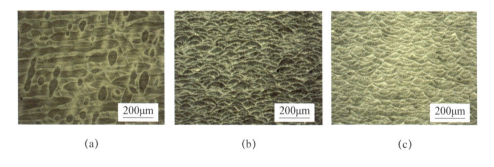

图 3-61　SLM 铝合金(AlSi10Mg)试样不同方向低倍金相

(a)Z 向;(b)垂直 Z 向 1;(c)垂直 Z 向 2。

此体现为颜色、衬度均匀的组织形貌；相比之下，熔池边界的组织相对较大。垂直于沉积方向可以看到整个试样呈现出圆弧状熔池沿堆叠方向逐层堆叠的形貌，类似"鱼鳞状"排布。圆弧状熔池形貌的产生与激光束能量呈高斯分布相关，即激光束中心部位能量密度高，重熔深度大于激光束边缘。

图 3-62　SLM 铝合金(AlSi10Mg)高倍金相
(a)Z 向；(b)垂直 Z 向。

由以上结果可知，SLM 铝合金和钛合金的宏观金相呈现不同特征，铝合金的鱼鳞状组织更加明显，钛合金呈现出柱状晶组织。另外，同种材料不同方向组织差异也较明显。

3.3.3　激光选区熔化制件的主要缺陷

在 SLM 成形过程中缺陷几乎不可避免，并且与粉末质量、真空度、工艺参数(激光能量、扫描速度、扫描策略等)等直接相关。另外，不同的热处理工艺也会使缺陷形貌发生改变，导致其在尺寸、数量方面存在较大的随机性和波动性。由于 SLM 成形制件中缺陷尺寸很小，大多在 100 μm 以下，采用常规无损检测方法能够发现的缺陷很少，因此，通常是在对试样做金相分析时，或者对力学性能试样进行断口分析时，可以偶然发现有缺陷存在。为了对试样中存在缺陷的数量、尺寸及形态进行分析，高分辨率的微纳 CT 是一种有效的手段。经对大量试样进行微纳 CT 及金相解剖分析，发现激光选区熔化制件中的主要缺陷有气孔、未熔合、高密夹杂和裂纹。

1. 气孔

气孔尺寸一般不超过 100 μm，在制件内部随机分布，随着尺寸增加，气孔形貌不规则程度增大。图 3-63 所示为采用微纳 CT 获得的气孔缺陷三维形貌。图 3-64 所示为 SLM 成形钛合金试样(Ti-6Al-4V)中气孔的金相照片。气孔缺陷一般是由于空心粉末、熔池中溶解的气体未及时逸出造成的。

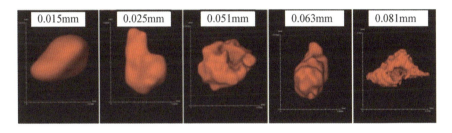

图 3-63　典型气孔缺陷的三维形貌

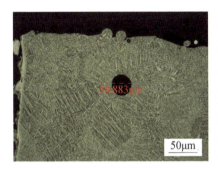 

图 3-64　SLM 成形钛合金试样(Ti-6Al-4V)中气孔的金相照片

2. 未熔合

激光选区熔化制件中的未熔合缺陷以单个未熔合、链状未熔合和层状未熔合等不同的形态存在。单个未熔合尺寸一般超过 100 μm，形貌不规则，如图 3-65 所示，一般是由于熔池的溅射效应形成的。链状未熔合由一连串单个未熔合组成，长度可达几毫米至几十毫米，位于制件的边缘，如图 3-66 所示，一般是由于表面成形工艺选用不当形成的。层状未熔合尺寸通常可达毫米量级，形貌不规则，分布在熔融层间，如图 3-67 所示，主要是由于成形工艺特征参量控制不当，从而使熔融层之间未形成致密冶金结合而产生。

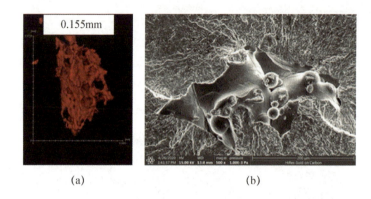

图 3-65　典型单个未熔合缺陷的形貌

(a)微纳 CT 三维图像；(b)SEM 照片。

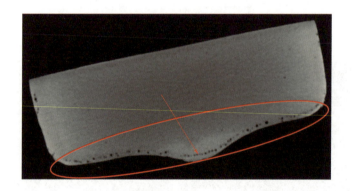

图 3-66　典型链状未熔合缺陷的形貌

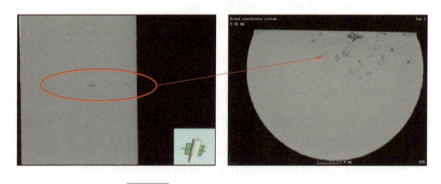

图 3-67　典型层状未熔合缺陷的形貌

3. 高密夹杂

高密夹杂是夹杂缺陷的一种，特指密度高于基体的夹杂缺陷。缺陷尺寸一般为几十微米，在制件内部随机分布，如图 3-68 所示，一般是由于成形粉末纯净度不够而引起的。

图 3-68
高密夹杂缺陷的形貌

4. 裂纹

裂纹主要是由于成形过程或后续热处理过程中的内应力产生的。

3.3.4 激光选区熔化制件的无损检测特点

SLM 增材制造构件中气孔、空隙、夹杂、未熔合、裂纹等缺陷几乎不可避免，并且在尺寸、数量方面存在较大的随机性和波动性，其主要特点是平均尺寸小、空间分布广、缺陷种类多。另外，高能束增材制造构件多为复杂结构，在检测可达性方面给无损检测带来了很大难度。同时还要考虑材料组织的各向异性对超声检测的影响。

1. 组织特征对超声检测的影响

超声波声速和衰减是表征材料声特性最重要的两个参量，仍从这两个角度考察 SLM 制件的组织特征对超声检测的影响。对典型 SLM 钛合金和铝合金进行声特性的测量结果表明，与激光和电子束直接沉积材料相比，SLM 材料的组织各向异性并没有引起声特性的显著差异。

采用 10MHz 水浸聚焦探头，分别对 10 个样件不同方向的声速进行测试，测得的平均声速如表 3-6 所示。SLM 钛合金 Z 向声速略高于垂直 Z 向，声速差异在 100m/s 以内。SLM 铝合金不同方向的声速基本无差异，从声速的角度未发现明显方向性。

表 3-6 不同成形方向的声速对比

材料种类	声速/(m/s)		
	Z 向	垂直 Z 向 1	垂直 Z 向 2
选区熔化钛合金(Ti-6Al-4V)	6217	6160	6179
选区熔化铝合金(AlSi10Mg)	6567	6564	6564

图 3-69 所示为采用 10MHz 聚焦探头在钛合金(Ti-6Al-4V)试样不同方向获得的底波 C 扫描图像。从图中可以看到，与激光和电子束直接沉积材料的情况不同，得到的底波幅度分布非常均匀，无论是相同方向不同位置，还是不同方向之间，均未发现明显的底波幅度差异。

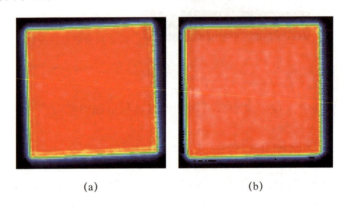

图 3-69 10MHz 聚焦探头在钛合金(Ti-6Al-4V)上的底波 C 扫描图像

(a) Z 方向；(b) 垂直 Z 向。

对 SLM 铝合金试件也进行了不同方向的底波损失 C 扫描成像。同样，沉积方向和垂直于沉积方向未见明显的声衰减差异。由此可知，虽然 SLM 钛合金在不同方向的金相组织存在一定差异，但并没有引起超声波在材料中衰减的明显差异。

2. 主要无损检测方法对典型缺陷的检测能力

由 SLM 成形制件典型缺陷的特征可知，气孔和夹杂类缺陷均小于 100μm，这个尺寸超出了常规超声检测和射线检测的能力，因此，对于实际零件的内部缺陷检测可检的只有尺寸较大的未熔合或裂纹。

1) 未熔合缺陷的超声检测

图3-70所示为某SLM钛合金试样的超声检测结果,沿沉积方向超声检测时发现了一个单个异常显示(埋深27.99mm,当量ϕ0.8-8.5dB),该显示在垂直于沉积方向检测时未发现。

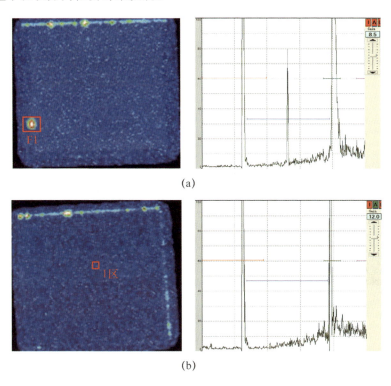

图3-70　SLM钛合金检测发现的单个异常显示
(a)沉积方向(F1:埋深27.99mm,当量ϕ0.8-8.5dB);
(b)垂直于沉积方向(未见明显异常)。

图3-71所示为对该异常显示部位取ϕ8mm圆柱做微纳CT的截面图。在超声检测发现单显信号的位置,微纳CT发现多个密集分布的低密度显示,结合图3-72所示的微纳CT三维视图可以确定,上述显示为密集分布的层状未熔合缺陷。

综上可知,超声检测有效地检出了SLM中的异常显示。但由于超声检测所使用探头的焦点具有一定尺寸,难以分辨距离特别近的小缺陷,因此上述密集分布的小缺陷的超声信号表现为单个显示。

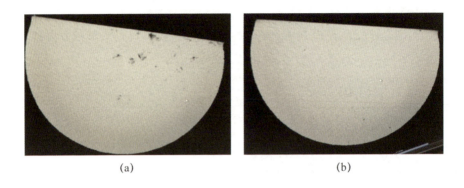

图 3-71　试样的 CT 截面图

(a)缺陷部位；(b)无缺陷部位。

图 3-72　CT 试样的三维视图

由图 3-72 可知，层状未熔合缺陷趋向于沿层间延伸，反射面与沉积方向垂直，缺陷形态的这种方向性也将导致检测结果具有方向性差异。由此导致该缺陷沿垂直于沉积方向检测时并未检出。因此，在进行 SLM 材料超声检测方向的选择时，应充分考虑缺陷的方向性特征，避免由于入射方向选择不当带来的检测结果不准确甚至漏检问题。

2) 未熔合缺陷的射线检测

图 3-73 所示为钛合金试样的射线检测结果。试样尺寸为 10mm×10mm×10mm。采用 225kV 射线机，最大电流为 8mA，焦点尺寸为 1mm，分别以平行于沉积方向和垂直沉积两个方向进行透照。

当射线束平行于沉积方向透照时，在胶片上无异常显示，但当射线束垂直于沉积方向透照时，在胶片上呈现出不同长宽比的异常显示，线性缺陷的宽度尺寸范围为 0.1～0.2mm。从该缺陷的特征来看，应属未熔合缺陷。射

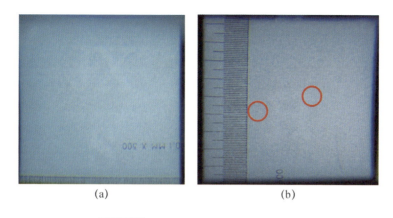

图 3-73 钛合金试样的射线检测结果
(a)平行沉积方向;(b)垂直沉积方向。

线束垂直于沉积方向检测时,射线方向与片状未熔合缺陷的延伸面平行,缺陷具有足够的对比度显现在胶片上,有利于缺陷的检测。当射线束平行于沉积方向透照时,沿射线方向片状缺陷的宽度为 0.1~0.2mm,对于 10mm 的透照厚度来说,不足以形成足够的对比度,该缺陷未能显示。

射线检测灵敏度通常以可发现的像质计丝来代表,选用钛合金试样进行射线透照试验,试样厚度分别为 20mm 和 10mm,如图 3-74 所示。厚度为 20mm 和 10mm 的试块的检测灵敏度分别为 0.2mm 和 0.16mm。

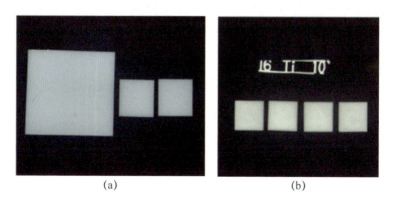

图 3-74 钛合金试样的射线透照灵敏度试验
(a)20mm;(b)10mm。

3) 表面缺陷的荧光渗透检测

渗透检测可检查各种非疏孔性材料表面开口的缺陷，如裂纹、气孔和疏松等，具有较高的检测灵敏度。从目前的渗透检测水平来看，超高灵敏度的渗透检测材料可清晰地显示宽为 $0.5\mu m$、深为 $10\mu m$、长度为 $1mm$ 左右的细微裂纹。但是，渗透检测存在一定的局限性，它只能检出制件表面开口的缺陷，也不适用于检查多孔性或疏松材料制成的工件和表面粗糙的工件，因为在这种情况下整个表面呈现强的荧光渗透背景，以致掩盖缺陷显示，表面太粗糙时，易造成假象，降低检测效果。

图 3-75 所示为对铝合金试样的原始表面、吹砂表面及磨光表面分别开展荧光渗透检测试验的效果。原始表面粗糙，采用 2 级水洗工艺，荧光显示后表面布满密集荧光亮点，背景干扰严重，无法区分真假缺陷；吹砂表面采用 2 级水洗及 3 级水洗工艺，在两种工艺下均呈现出荧光背景干扰，肉眼可见表面细微孔洞；磨光表面粗糙度为 $Ra1.6$，采用 2 级水洗及 3 级水洗工艺，荧光背景干扰较小，试样表面肉眼可见密集孔洞。

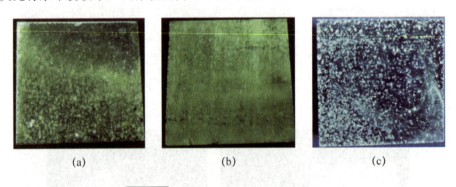

图 3-75 不同表面状态的荧光检测结果
(a) 原始表面；(b) 吹砂表面；(c) 磨光表面。

选取高灵敏度水洗法渗透液，在吹砂表面状态下，可检出 0.3mm 以上的孔洞类缺陷，如图 3-76 所示。

3.3.5 典型制件的无损检测方案

激光选区熔化工艺适合于制造各种复杂形状制件，尤其是含有复杂精细结构的制件，这些结构使超声波检测无法实施，因此，与激光直接沉积制件

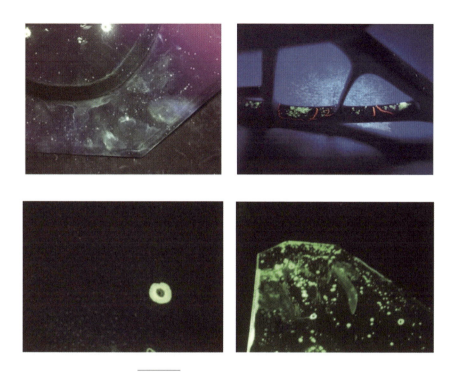

图 3-76 表面缺陷的荧光渗透显示

的检测方案不同,激光选区熔化制件的无损检测首选射线检测方法。无损检测方案以射线和渗透检测方法为主,超声和工业 CT 检测方法为辅。

当制件某些部位较厚且表面为垂直于沉积方向的平面时,可采用超声检测。当制件的射线检测灵敏度低、穿不透或为射线检测盲区,并且超声检测实施困难时,推荐采用高能 CT 检测。表面缺陷采用渗透检测。当需要对试样中微小缺陷进行分析时,可采用微纳 CT。

射线检测灵敏度与透照厚度密切相关,当透照厚度较小时,可检出尺寸较小的缺陷。射线检测的透照方向应优先选择垂直于沉积方向。检测前应清除表面氧化皮、油污等,并将被检件表面加工平整,避免影响底片上缺陷的判别。

超声检测推荐采用纵波水浸聚焦检测和 10MHz 水浸聚焦探头,对于无法进行水浸法检测的部位,可采用接触式脉冲反射法检测和 5MHz 及以上频率的平探头。超声检测声束入射方向应优先选择平行于沉积方向,当无法从沉积方向检测时,可选择其他方向进行检测,但应提高检测灵敏度。检测用对比试块应采用与被检件材料、成形工艺相同的材料制作,并且不允许存在影响使用的自然缺陷。

无损检测方法对激光选区熔化制件的检测能力如表 3-7 所示。

表 3-7 无损检测方法对激光选区熔化制件的检测能力

检测方法		检测灵敏度	
		试样	制件
超声检测		ϕ0.4mm	ϕ0.4mm
射线检测		透照厚度为 4~33mm 时:0.08~0.32mm	
荧光检测		0.3mm	
CT 检测	微纳 CT	轮廓尺寸为 20~50mm 时:0.02~0.1mm	—
	高能 CT	—	轮廓尺寸<1m 时:0.1~0.3mm

一些激光选区熔化制件无损检测的典型结果如下。

(1)图 3-77 所示为某铝合金激光选区熔化制件局部超声 C 扫描检测结果。其中,发现许多点状异常显示,分别位于不同深度,几处较大缺陷的回波幅度为 ϕ0.4-10dB,相当于当量尺寸 ϕ0.3mm。

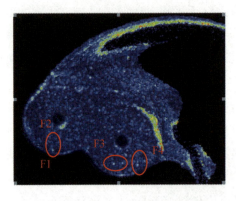

图 3-77 某铝合金制件局部超声 C 扫描图像

(2)图 3-78 所示为某铝合金梁射线检测结果。在标注位置为链状未熔合,宽度为 0.2mm,尺寸较长,距表面 0.3mm 以内。

第3章 主要增材制造工艺制件的无损检测特点

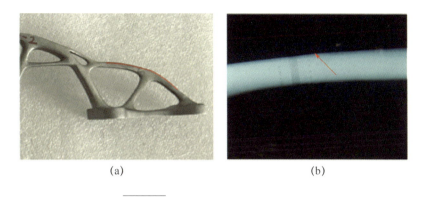

图 3-78 某铝合金梁射线检测结果

（3）图 3-79 所示为某铝合金激光选区熔化格栅结构的射线检测结果。相对比整体的格栅结构特征，标注部位的格栅结构缺失或变形，长度为 2mm。

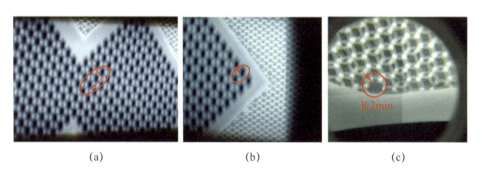

图 3-79 格栅结构的变形和缺失

3.4 电子束选区熔化工艺制件的无损检测

3.4.1 电子束选区熔化工艺简介

1. 基本原理

电子束选区熔化成形技术（flectron beam melting，EBM）是典型的铺粉式增材制造技术，是在真空环境下以电子束为热源，以金属粉末为成形材料，通过不断在粉末床上铺展金属粉末然后用电子束扫描熔化，使一个个小的熔

103

池相互熔合并凝固，不断进行形成一个完整的金属零件实体的过程。电子束选区熔化系统示意图如图3-80所示。

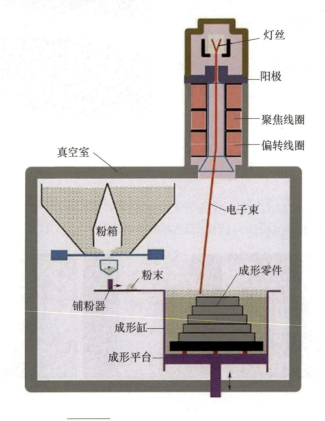

图3-80　电子束选区熔化系统示意图

该技术是在一个高度真空腔中采用电子束来完成对金属粉末的熔融。通过高速电子轰击金属粉末，产生的动能转化成热能来熔化金属粉末。在电子束开始扫描熔化第一层金属粉末之前，成形仓内的铺粉耙将供粉缸中的所用的材料按第一层的高度均匀地铺放于成形基板上；铺粉结束后，电子枪发射出电子束，按三维模型的第一层截面轮廓分层信息有选择地扫描熔化金属粉末，粉末经电子束扫描后迅速熔化、凝固。电子束每扫过一次，将被扫过区域的粉末熔化，每扫完一次就重新铺粉，再按照新一层的形状信息通过数控成形系统控制电子束将成形材料（如粉体、条带、板材等）逐层熔融堆积，从而使层与层之间黏合在一起，最终可以得到预期功能的形状和结构复杂的零件。零件制备结束后，小心地将物体取出，利用吹粉设备对取出的样品进行处理，然后再对样品进行相应的处理，如剥离、固化、打磨、后期修理等。

2. 主要特点

电子束选区熔化工艺具有以下优点。

(1) 真空工作环境，能避免空气中杂质混入材料，无须保护气体。

(2) 电子束扫描依靠电磁场，无机械运动，可靠灵活，成形速度快，是激光选区熔化的数倍。

(3) 控温性能好，利于减少缺陷与变形，能加工室温低塑性材料。

然而，目前 EBM 技术所采用的原材料主要集中在纯钛、Ti-6Al-4V 及 Ti2448 等钛合金材料，在其他金属材料上的应用还不成熟。从表面质量上来看，EBM 制备的样品虽然可以制备形状复杂零件，但是如果对零件表面质量要求较高，那么这些零件的表面粗糙度并不能满足要求，必须进一步加工。同时 EBM 设备目前制造零件尺寸有限，大尺寸样品还不适合 EBM 设备制造，制造尺寸受到限制。制造设备要求高，需要真空，且制造过程中产生 X 射线污染。

3.4.2 电子束选区熔化制件的显微组织

目前报道的 EBM 成形材料，除 TiAl 金属间化合物之外，均为柱状晶组织。电子束熔化形成的微小熔池具有单方性散热的传热特征，凝固是熔池中的液态金属从固相基体外延生长的过程，对于 Ti-6Al-4V 合金，凝固界面处温度梯度和凝固速度的比值较大，熔池中的凝固组织大部分落在柱状晶生长范围内，因此 EBM 成形 Ti-6Al-4V 合金呈现出强制性凝固柱状生长的特点，这就导致 EBM 成形材料力学性能表现出一定的各向异性。对于 TiAl 合金而言，EBM 成形得到非柱状晶组织的原因之一是在 TiAl 合金成形过程中，为减少变形开裂现象的发生，通常需要较高的预热温度，熔池凝固界面温度梯度较低；另外，钛铝合金中第二组元含量高，是高溶质含量体系的包晶凝固过程。

EBM 成形 Ti-6Al-4V 显微组织如图 3-81 所示。

虽然 EBM 成形材料初生柱状晶组织比较粗大，但晶粒内部的亚结构却非常细小。EBM 成形 Ti-6Al-4V 的显微组织形貌，可以看出试样大部分为细

图 3-81　EBM 成形 Ti-6Al-4V 显微组织

小的针状 α 相和一定体积分数的 β 相，而在试样顶部为马氏体。此外，试样还呈现出包含有大量的块状转变区域，在块状转变区域，内部为更加细小的 α+β 组织。EBM 成形 Ti-6Al-4V 合金的固态相变组织同样受成形工艺参数和试样几何形状的影响，随着底板预热温度的提高，试样的组织会变得粗大。成形试样高度和直径对 α 片的厚度具有重要的影响，对于同一直径成形试样，试样顶端组织较底端要更为粗大，随着成形试样尺寸的减小，α 片的厚度逐渐减小，甚至多孔材料的孔径还会呈现针状马氏体组织形貌。经热等静压处理后，试样显微组织形貌趋于均匀。

3.4.3　电子束选区熔化制件的典型缺陷及无损检测进展

基于 EBM 成形原理，如果成形工艺控制不当，那么成形过程中容易出现"吹粉"和"球化"等现象，并且成形零件会存在分层、变形、开裂、气孔和熔合不良等缺陷。

"吹粉"是 EBM 成形过程中特有的现象，是指金属粉末在成形熔化前即已偏离原来位置的现象，从而导致无法进行后续成形工作。"吹粉"现象严重时，成形底板上的粉末床会全面溃散，从而在成形舱内出现类似"沙尘暴"的现象。

"球化"现象是 EBM 和 SLM 成形过程中一种普遍存在的现象，是指金属粉末熔化后未能均匀地铺展，而是形成大量彼此隔离的金属球的现象。球化现象的出现不仅影响成形质量，导致内部孔隙的产生，严重时还会阻碍铺粉过程的进行，最终导致成形零件失败。

复杂金属零件在直接成形过程中,由于热源迅速移动,粉末温度随时间和空间急剧变化,导致热应力的形成。另外,由于电子束加热、熔化、凝固和冷却速度快,同时存在一定的凝固收缩应力和组织应力,在上述 3 种应力的综合作用下,成形零件容易发生变形甚至开裂,如图 3-82 所示。

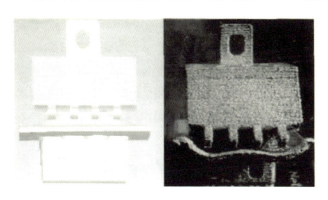

图 3-82　EBM 成形过程中零件产生的变形

由于 EBM 技术普遍采用惰性气体雾化球形粉末作为原料,在气雾化制粉过程中不可避免形成一定含量的空心粉,并且由于 EBM 技术熔化和凝固速度较快,空心粉中含有的气体来不及逸出,从而在成形零件中残留形成气孔,如图 3-83 所示。此类气孔形貌多为规则的球形或类球形,在成形件内部的分布具有随机性,但大多分布在晶粒内部,经热等静压处理后此类孔洞也难以消除。除空心粉的影响之外,成形工艺参数同样会导致孔洞的生成。

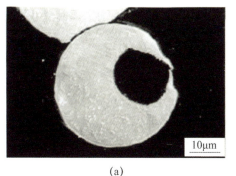
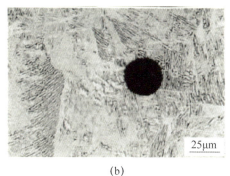

(a)　　　　　　　　　　　　(b)

图 3-83　EBM 材料中空心粉及气孔缺陷

当成形工艺不匹配时，成形件中会出现由于熔合不良形成的孔洞，如图 3-84 所示。其形貌不规则，多呈带状分布在层间和道间的搭接处，熔合不良与扫描线间距和聚焦电流密切相关，当扫描线间距增大或扫描过程中电子束离焦，均会导致未熔化区域的出现，从而出现熔合不良。

图 3-84　EBM 成形过程中出现的熔合不良孔洞

针对 EBM 典型缺陷，部分学者也开展了相应的研究。英国曼彻斯特大学的 S. Tammas-Williams 采用 X 射线 CT 分析了 EBM 制造 Ti-6Al-4V 零件中缺陷扩展的影响因素，如图 3-85 所示。并对其微观形貌展开了更为细致的分析，如图 3-86 所示。

图 3-85　EBM 制件中缺陷分布的 CT 检测结果

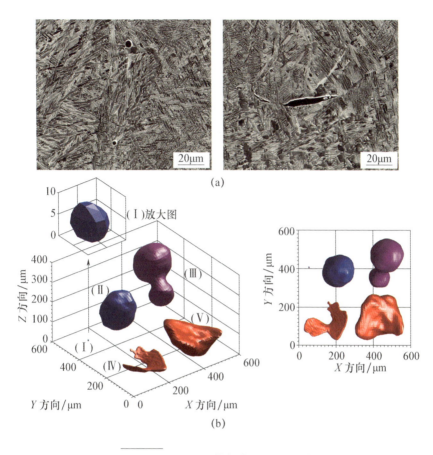

图 3-86　EBM 制件中缺陷形貌及建模

英国谢菲尔德大学的 Everth Hernandez-Nava 同样采用 X 射线 CT 表征 EBM 制造不同点阵结构中的缺陷，如图 3-87 所示。通过图像处理和缺陷分析，可以得到不同结构不同位置处的气孔分布特征，如图 3-88 所示。

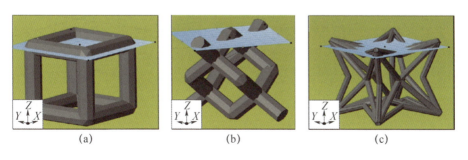

图 3-87　EBM 制造点阵结构

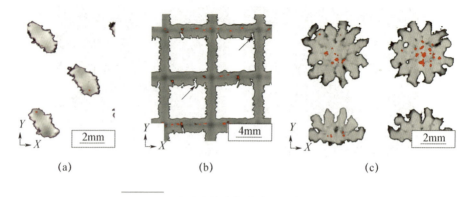

图 3-88　点阵结构中气孔缺陷分布 XCT 图像

3.5　电弧熔丝工艺制件的无损检测

3.5.1　电弧熔丝工艺简介

电弧熔丝增材制造技术（wire arc additive manufacture，WAAM）是一种利用逐层熔覆原理，采用熔化极惰性气体保护焊接（MIG）、钨极惰性气体保护焊接（TIG）及等离子体焊接电源（PA）等焊机产生的电弧为热源，通过丝材的添加，在程序的控制下，根据三维数字模型由线－面－体逐渐成形出金属零件的先进数字化制造技术，如图 3-89 所示[16-17]。

电弧熔丝增材制造技术不仅具有沉积效率高、丝材利用率高、整体制造周期短、成本低、对零件尺寸限制少、易于修复零件等优点，还具有原位复合制造及成形大尺寸零件的能力。较传统的铸造、锻造技术和其他增材制造技术具有一定先进性。WAAM 技术比铸造技术制造材料的显微组织及力学性能优异；比锻造技术产品节约原材料，尤其是贵重金属材料。与以激光为热源的增材制造技术相比，它对金属材质不敏感，可以成形对激光反射率高的材质，如铝合金、铜合金等。与 SLM 技术和电子束增材制造技术相比，WAAM 技术还具有制造零件尺寸不受设备成形缸和真空室尺寸限制的优点[18]。

目前，WAAM 技术的自动化水平较低且相关程序数据库尚未建立，只能

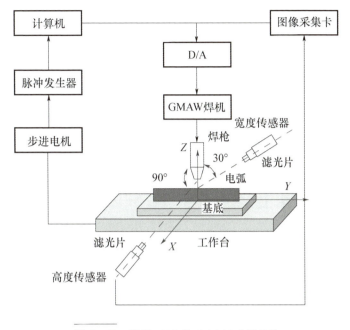

图 3-89 基于 MIG 的 WAAM 成形系统

制造几何形状及结构较为简单的零件;同时,该技术制造零件的精度相对其他增材制造技术略低,一般需要后续机械加工。因此,WAAM 技术尚未在航空航天领域大规模工程化应用,但随着人们的高度关注,WAAM 技术在航空航天领域零件的快速研制及小批量生产方面将有十分广阔的应用前景。

3.5.2 电弧熔丝制件的组织、缺陷及无损检测进展

电弧增材成形的本质是微铸自由熔积成形,逐点控制熔池的凝固组织可减少或避免成分偏析、缩孔、凝固裂纹等缺陷的形成。电弧增材制造成形的钛合金均会出现典型的柱状图形,这是液态钛凝固过程中所形成柱状 β 晶粒的外在表现。靠近基板位置,存在着大量等轴 β 晶粒,但随着堆积层数的增加,β 晶粒也渐渐粗大,且呈现柱状生长,个别柱状晶甚至可以贯穿整个零件堆积层直至成形构件顶部[19]。另外,β 晶粒的生长方向与焊接方向和沉积方式紧密相连,改变焊接方向将导致柱状 β 晶粒反向生长,如图 3-90(a)、(b)所示[20]。而交错堆积时(即相邻层间的堆积方向相反),柱状 β 晶粒的生长方向则垂直于焊接方向,如图 3-90(c)所示[21]。

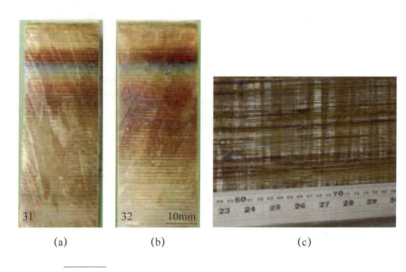

图 3-90　电弧增材制造成形件侧壁柱状 β 晶粒宏观形貌

(a)顺时针焊接；(b)逆时针焊接；(c)交错堆积。

电弧增材制造的钛合金零件截面大体可以分为顶部和中下部两个区域，如图 3-91 所示。其中，顶部是最后一层堆积过程中温度高于 β 转变温度（约 980℃）的区域，其显微组织由 α′ 相、$α_m$ 相、少量网篮组织及 β 相组成。而中下部区域经历过不同程度的后热处理，特别是重复升温到 α+β 相区后又冷却的热过程，它的显微组织则由网篮组织、团束组织、层片状组织、少量残余 α′ 相及 β 相组成，并且该区域还具有特殊形态——条带组织，其附近的组织成分最不均匀，且亮带部分组织比较粗大，容易成为成形件的薄弱环节[18]。

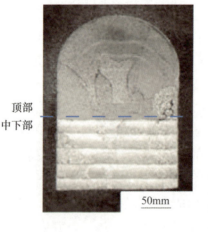

图 3-91　电弧增材制造钛合金的横截面

除此之外,成形工艺参数也将对 WAAM 的组织特征产生影响。图 3-92 所示为不同工艺参数下 TC4 材料沿沉积方向的宏观组织演变,通过改变焊接电流(I)、焊接速度(V_T),送丝速度(V_W)得到的宏观组织明显不同。通过对比可以发现,焊接电流对宏观组织形态有很大影响。当焊接电流降至 120A 时[图 3-92(a)],该组的宏观组织和其他三组有很大不同,等轴晶几乎分布在整个横截面上,只在上部存在少部分柱状晶。图 3-92(d)中等轴晶区尺寸仅次于图 3-92(a),然而,其他两组横截面上则主要是柱状晶[图 3-92(b)和图 3-92(c)]。另外,等轴晶尺寸随着焊接电流的降低、焊接速度和送丝速度的增加而减小。

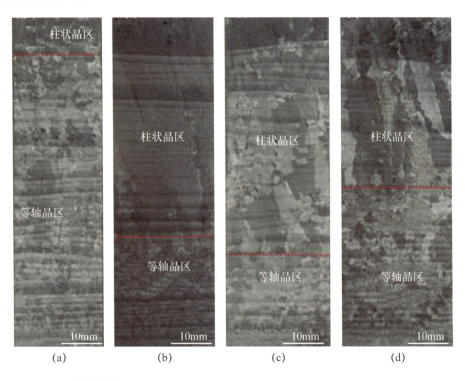

图 3-92 不同工艺参数下 TC4 材料沿沉积方向的宏观组织演变

(a) I = 120A, V_T = 250mm/min, V_W = 2m/min;
(b) I = 140A, V_T = 250mm/min, V_W = 2m/min;
(c) I = 140A, V_T = 350mm/min, V_W = 2m/min;
(d) I = 140A, V_T = 250mm/min, V_W = 2.4m/min。

经分析,成形过程的热输入和热积累越小越有利于等轴晶的形成,这是由于热输入较小导致熔池深度较小,在沉积后一层时,前一层顶部得到的等轴晶不容易被重熔。

目前,国内针对电弧熔丝增材制造制件的缺陷无损检测工作尚未全面开展,但就电弧熔丝增材制造制件的组织特征来看,其与激光熔粉和电子束熔丝增材制造制件具有相似性,即组织不均匀且存在大量粗大柱状晶,这种组织对于无损检测的影响应是类似的。同时,堆焊过程中的原材料质量、电弧稳定性、熔滴形貌、路径规划、系统算法等均对成形件的质量和精度产生影响,以往堆焊过程中产生的气孔、裂纹等缺陷在电弧熔丝增材制造制件中同样也会存在,同时还有变形及残余应力等问题。因此,可参照以往堆焊无损检测方法,并参考激光熔粉和电子束熔丝增材制造制件无损检测相关研究结果和结论,进行电弧熔丝增材制造制件的无损检测。电弧熔丝增材制造制件无损检测的特殊难点和所需采用的特定无损检测技术有待进一步的研究。

参考文献

[1] 胡亮. 航天增材制造项目发展战略研究初探[J]. 军民两用技术与产品, 2014(9): 132-135.

[2] 黄丹, 朱志华, 耿海滨, 等. 5A06铝合金TIG丝材-电弧增材制造工艺[J]. 材料工程, 2017, 45(3): 66-72.

[3] 王华明. 高性能大型金属构件激光增材制造: 若干材料基础问题[J]. 航空学报, 2014, 35(10): 2690-2698.

[4] 张霜银, 林鑫, 陈静, 等. 工艺参数对激光快速成形TC4钛合金组织及成形质量的影响[J]. 稀有金属材料与工程, 2007, 10(36): 1839-1843.

[5] 杜博睿, 张学军, 郭绍庆, 等. 激光快速成形GH4169合金显微组织与力学性能[J]. 材料工程, 2017, 45(1): 27-32.

[6] 杨海欧, 林鑫, 陈静, 等. 利用激光快速成形技术制造高温合金不锈钢梯度材料[J]. 中国激光, 2005(4): 1-4.

[7] QIAN T T, LIU D, TIAN X J, et al. Microstructure of TA2/TA15 graded structural material by laser additive manufacturing process[J]. Trans. Nonferrous Met. Soc. China, 2014(24): 2729-2736.

[8] 张永忠, 席明哲, 石力开, 等. 激光快速成形316L不锈钢的组织及性能[J]. 稀

有金属材料与工程,2002,31(2):103-105.

[9] 杨平华,史丽军,梁菁,等. TC18 钛合金增材制造材料超声检测特征的试验研究[J]. 航空制造技术,2017(5):38-42.

[10] YANG P H,GAO X X,LIANG J,et al. Nondestructive testing of defects in additive manufacturing titanium alloy components[C]. Singapore:15th Asia Pacific Conference for Non-Destructive Testing,2017.

[11] 熊进辉,李士凯,耿永亮,等. 电子束熔丝沉积快速制造技术研究现状[J]. 电焊机,2016,46(2):7-11.

[12] 巩水利,锁红波,李怀学. 金属增材制造技术在航空领域的发展与应用[J]. 航空制造技术,2013(13):66-71.

[13] 陈哲源,锁红波,李晋炜. 电子束熔丝沉积快速制造成形技术与组织特征[J]. 航天制造技术,2009(2):36-39.

[14] 黄志涛,锁红波,杨光,等. TC18 钛合金电子束熔丝成形送丝工艺与显微组织性能[J]. 稀有金属材料与工程,2017,46(3):760-764.

[15] 黄志涛,锁红波,巩水利,等. TC18 钛合金电子束熔丝成形技术研究[J]. 航天制造技术,2015,(4):14-17.

[16] 熊江涛,耿海滨,林鑫,等. 电弧增材制造研究现状及在航空制造中的应用前景[J]. 航空制造技术,2015,(23):80-85.

[17] 田彩兰,陈济轮,董鹏,等. 国外电弧增材制造技术的研究现状及展望[J]. 航天制造技术,2015,(2):57-60.

[18] 杨海欧,王健,周颖惠,等. 电弧增材制造技术及其在 TC4 钛合金中的应用研究进展[J]. 材料导报 A:综述篇,2018,32(6):1884-1890.

[19] BAUFELD B,BRANDL E,BIEST O V D. Mechanical properties of Ti-6Al-4V specimens produced by shaped metal deposition[J]. Science and Technology of Advanced Materials,2009,10(1):1-10.

[20] BAUFELD B,BIEST O V D,GAULT R. Additive manufacturing of Ti-6Al-4V components by shaped metal deposition:Microstructure and mechanical properties [J]. Materials & Design,2010,31:106-111.

[21] PAUL A C,HARRY E,JULIAN F,et al. Microstructure and residual stress improvement in wire and arc additively manufactured parts through high-pressure rolling[J]. Journal of Materials Processing Technology,2013,213:1782-1791.

第 4 章 超声相控阵技术在增材制造制件检测中的应用

采用增材制造技术可一次完成大型整体结构件及复杂结构制件的成形，这是传统制造工艺难以实现的。但与此同时，零件的大型化和复杂化往往导致常规检测手段面临可达性差、检测盲区大等问题，给无损检测带来很大挑战。

超声相控阵检测技术可灵活、便捷而有效地控制声束形状和声压分布并具有良好的可达性和直观性；同时，超声相控阵声束的聚焦技术具有常规超声无法比拟的独特优势，其焦点尺寸和聚焦位置连续动态可调，从而无需频繁更换探头即可在较大范围内保证一致的检测灵敏度和分辨力，提高检测效率和精度[1]。将超声相控阵检测技术应用于增材制造大尺寸结构和复杂结构，将有望改善检测的可达性和适用性，增强检测的实时性和直观性等。

目前已公开报道的关于超声相控阵技术在增材制造制件检测中的应用研究并不多见，本章将首先简要介绍超声相控阵技术的基本原理；然后以几个具体的应用案例，介绍超声相控阵技术在增材制造检测中的应用及其前景；最后，对目前相控阵技术发展的最前沿——相控阵全矩阵聚焦技术及其在增材制造制件检测中的应用做简单介绍。

4.1 超声相控阵技术原理

4.1.1 超声相控阵检测原理概述

超声波是由电压激励压电晶片在弹性介质中产生的机械波。常规超声检测多采用单晶探头，晶片振动频率、尺寸和形状决定了发射的超声波的声场[2]。超声相控阵探头则与此不同，它基于惠更斯原理设计，由多个相互独立的压电晶片组成阵列,每个晶片称为一个阵元,均可作为波源独立发射声波,按一定的规则和时序用计算机控制激发各个阵元,则各阵元的波阵面叠加形成特定的声场,从而产生波束聚焦、偏转等相控效果;在反射波的接收过程中,采用同样的方法对各晶片接收的信号进行合成,最后将合成结果以适当形式显示[1]。

4.1.2 超声相控阵发射和接收

在相控阵发射过程中,超声波检测仪将触发信号传送至相控阵控制器,后者把触发信号转换成高压电脉冲。其间,脉冲宽度应预先设定,而时间延迟则由聚焦法则界定。每个阵元接收一个电脉冲,按照发射聚焦法则产生具有一定角度并聚焦在一定深度的超声波束。在检测过程中,该声束遇到缺陷即反射回来。各阵元接收到回波信号后,相控阵控制器按接收聚焦法则改变延迟时间后将这些信号叠加在一起,形成一个脉冲信号,继而传送至仪器显示单元[2]。相控阵发射、接收和时间延迟示意图如图4-1所示。

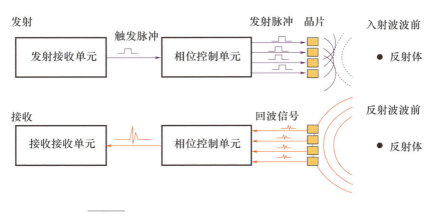

图 4-1 超声相控阵发射、接收和时间延迟示意图

4.1.3 超声相控阵的扫描模式

在超声检测过程中,为了对物体内某一区域进行成像必须进行声束扫描。由于相控阵阵元的延迟时间可动态改变,相应地改变了由各阵元发射(或接收)声波到达(或来自)物体内某点时的相位关系,从而实现声束的灵活控制。超声相控阵主要的扫描模式有线性扫描、扇形扫描和动态深度聚集3种。

(1) 线性扫描(电子扫描)。将若干发射阵元作为一组,使用相同的聚焦法则依次激发不同阵元组从而实现扫查。在扫查过程中无须移动探头,只利用电子扫描改变超声波发射位置从而使声束以恒定角度,沿阵列探头长度方向进行扫描,如图 4-2(a) 所示。

(2) 扇形扫描。使用阵列中相同的晶片发射超声波束,对不同的扫查位置施加不同的聚焦法则,从而自由改变波束入射角,使波束对某一聚焦深度在扫查范围内移动,如图 4-2(b) 所示。

(3) 动态深度聚焦(DDF)。超声波沿着声束轴线,对不同聚焦深度采用不同的聚焦法则进行扫描,即聚焦位置并不是一点,而是在扫描过程中沿声束轴线进行多点聚焦,这相当于增加了声束的聚焦深度,可以显著提高检测分辨力,如图 4-2(c) 所示。

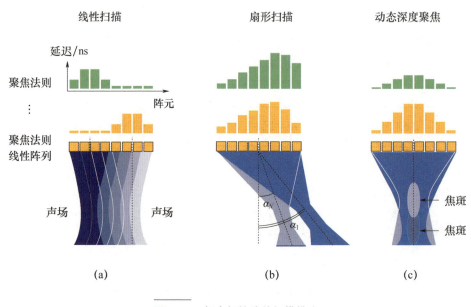

图 4-2 超声相控阵的扫描模式

通常主要依靠系统的接收聚焦功能来实现动态聚焦。在相控发射时设置一个聚焦法则,接收时则设置一系列不同的聚焦法则,动态地改变聚焦延迟,使来自各深度的接收声束都处于聚焦状态,从而明显增大"场深",如图 4-3 所示。

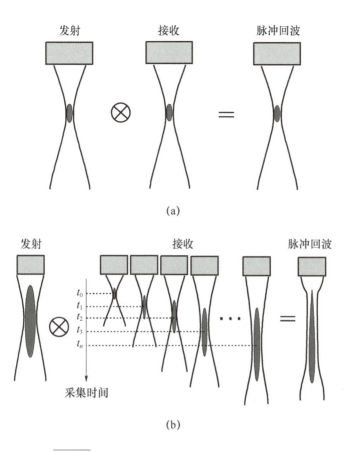

图 4 - 3　标准相控阵聚焦与 DDF 基本原理对比
(a)标准相控阵聚焦；(b)动态深度聚焦(DDF)。

4.1.4　超声相控阵探头的种类

超声相控阵探头由多个相互独立的压电晶片在空间中按照一定的排列方式组成一个阵列，每个晶片称为一个阵元，能被单独控制发射超声波或接收回波。按阵元的排列形状，超声相控阵探头主要分为 5 类，如表 4 - 1 和图 4 - 4 所示[3]。虽然几何形状不同，但超声相控阵探头具有共同的特点：作为一个单探头，能提供高度灵活的超声声束，在不移动探头的情况下扩大超声束的扫查范围。

表 4-1　超声相控阵探头的分类

类型	声束形状	发射声束特点	图例
1 维线阵	椭圆	在一个平面内平移、聚焦、偏转	图 4-4(a)
1 维环阵	圆形	在不同深度聚焦	图 4-4(b)
2 维矩阵	椭圆	偏转、聚焦	图 4-4(c)
2 维 Rho-theta 阵（切割环形阵）	圆形/椭圆	偏转、聚焦	图 4-4(d)
1.5 维矩阵	椭圆	偏转、聚焦	图 4-4(e)

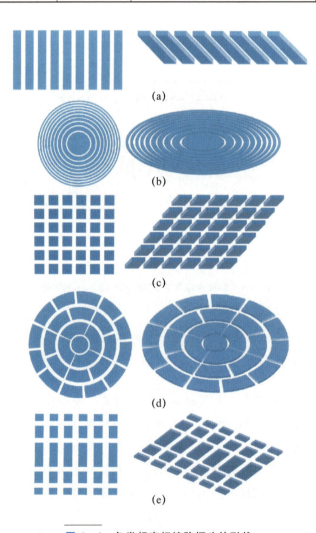

图 4-4　各类超声相控阵探头的形状

(a) 1 维线阵；(b) 1 维环阵；(c) 2 维矩阵；(d) 2 维 Rho-theta 阵；(e) 1.5 维矩阵。

4.2 超声相控阵技术在增材制造制件检测中的应用

4.2.1 超声相控阵在A-100钢电子束熔丝成形制件中的应用初探

电子束熔丝成形增材制造技术采用逐线、逐层堆积的特殊成形工艺,成形过程经历了复杂的热循环,因此,其内部微观组织及缺陷特征也较传统制造工艺复杂得多。研究表明,A-100钢电子束熔丝成形件内部常见的缺陷主要为气孔和微裂纹缺陷,内部组织呈明显的层带组织及典型树枝晶,树枝晶贯穿层带生长,大部分区域的生长方向几乎沿沉积方向垂直生长;且在电子束熔丝制件低倍金相图中,发现较为明显的沿晶裂纹[4-5]。

北京航空制造工程研究所的韩立恒等[6]初步研究了超声相控阵检测技术在A-100钢电子束熔丝成形制件中的应用。在采用5MHz一维线阵列探头进行沿沉积方向(Z向)和垂直于沉积方向的扇形扫查后发现,沿Z向检测时,声束角度为0°~10°时可获得较清晰的缺陷信号,如图4-5(d)所示缺陷D_1和D_2,-5°~-30°时缺陷信号逐渐变弱,直至无法识别,且同一缺陷信号在不同角度时清晰度不同,如缺陷D_2在0°时最清晰,其他角度则信号逐步减弱。当垂直于Z向检测时,信号杂乱、缺陷信号识别困难,可能与枝晶晶界的散射有关。由此可知,超声波入射方向和角度对于A-100钢电子束熔丝成形件微裂纹的识别至关重要,成形件微观组织则对入射方向和角度的选择有较大影响。

相控阵检测发现的两处明显缺陷D_1和D_2,在X射线检测中并未发现。针对这两处缺陷进行金相解剖后发现,两处均为微裂纹缺陷,如图4-6所示。通过金相解剖的结果可以验证,超声相控阵检测技术可检出X射线检测难以发现的内部微裂纹,在A-100钢电子束熔丝成形件内部微裂纹检测方面有较好的应用效果。

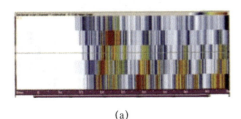
(a)

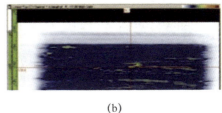
(b)

图 4-5　A-100 钢电子束熔丝成形件 1 维线阵列探头扇扫结果
(a)S 显示(-10°~10°)；(b)-10℃显示；(c)-5℃显示；(d)0℃显示；
(e)5℃显示；(f)10℃显示；(g)-15℃显示；(h)-30℃显示。

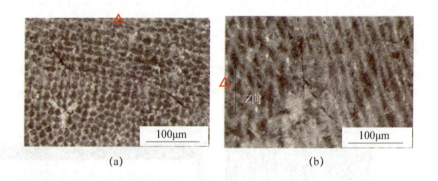

图 4-6　A-100 钢电子束熔丝成形件微裂纹缺陷金相图
(a)垂直于沉积方向的截面；(b)平行于沉积方向的截面。

4.2.2 超声相控阵在钛合金激光熔粉成形大厚度制件中的应用

在增材制造成形过程中,经常会沿一个固定方向堆积成形,当材料以较小的宽度生长得很高时,将形成"高墙结构",如图4-7所示;同时,相关研究发现,增材制造制件的组织与缺陷均有一定的方向性,如层间熔合不良形成的缺陷,往往趋向于与成形方向垂直。因此,对于高墙结构部位,最有利的检测方向是沿着高度方向入射,但与此同时,这将带来大厚度和窄壁结构严重降低超声检测灵敏度、减小可检区域的问题。

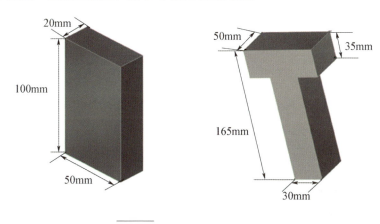

图4-7 典型高墙结构示意图

根据以往的研究经验,采用聚焦声束可显著提高大厚度材料中的检测灵敏度和信噪比。同时,由于聚焦声束焦点直径小,从而在一定程度上减小了窄壁结构对超声检测带来的不利影响。由于焦区范围有限,为了在较大深度范围内都保持较高的灵敏度水平,可采用分区聚焦技术进行高墙结构的检测。然而要实现分区聚焦检测,必须要采用多个不同焦距的探头进行多次扫查,势必增加设备调整时间和扫查时间,从而降低检测效率。超声相控阵检测技术采用多个换能器阵元,通过调整延时改变发射声场,可预先对声场进行模拟设计,并通过软件改变声场参数进行试验,以获得最佳检测条件,并可用一个探头实现多个深度区域的一次扫查,可大大提高检测效率。

下面以钛合金激光熔粉增材制造高墙结构为对象,通过数值模拟结合试验验证的方式确定典型结构的相控阵检测方案。

1. 超声相控阵检测的声场模拟

相控阵技术的可变参数多,从而在检测过程中具有更大的灵活性,通过优化参数来提高检测效果是一种非常有效的方法。相控阵主要的可变参数有探头频率、探头类型、晶片直径、激发阵元数量、聚焦方式、聚焦位置等。根据高墙结构的尺寸及特点,初步选定使用10MHz、14阵元水浸环阵探头,采用动态深度聚焦方式(DDF)进行高墙结构的相控阵检测。由于发射聚焦声束的焦区范围有限,采用DDF时在发射声束焦区以外的灵敏度可能较低,对于大厚度制件检测,如要进一步提高检测灵敏度,可采用分区动态深度聚焦方法,将整个待检测厚度分为几个区,在每个分区内分别进行DDF。

1)探头激发阵元数量的优化

晶片尺寸与发射的超声波能量有关,由图4-8激发阵元数量不同时的相控阵声场及幅值分布模拟结果可知,随着激发阵元数量的减少,相控阵探头声场强度明显下降。因此,需要高灵敏度检测时,晶片尺寸不应选择过小;另外,由数值模拟得到的相关声场参数(表4-2)可知,14环时焦点直径最小,分辨力最高。因此,应选择较大的晶片直径,从而提高检测灵敏度和分辨力。

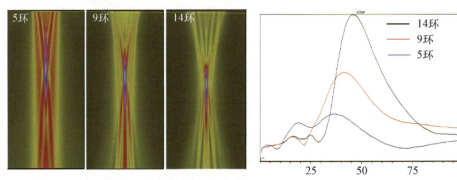

图4-8 激发阵元数量不同时的相控阵声场及幅值分布

表4-2 不同激发阵元数量下的声场参数模拟结果

激发阵元数量	激发晶片直径/mm	ϕ_{-6dB}/mm	L_{-6dB}/mm	覆盖范围/mm	备注
5环	20.48	2	43.6	12~55	单点聚焦方式,聚焦深度50mm
9环	25.6	1.7	34.5	28~63	
14环	32	1.5	27.4	36~63	

2)相控阵聚焦方式的优化

要在整个检测深度范围内保持较高的灵敏度和信噪比水平,需要实现多个不同深度的聚焦。经过对比单点聚焦、多点聚焦、动态深度聚焦(DDF)等不同聚焦方式下的声场分布情况,综合考虑灵敏度、检测效率要求,以及需要处理的数据量,选择分区 DDF 作为高墙结构检测的最佳聚焦方式。该聚焦方式在发射时采用单点聚焦,接收时则通过调整阵元延时实现某个深度范围的聚焦;通过发射多个不同深度焦点的声束,并使各焦点的动态聚焦焦区范围相互覆盖,从而实现在整个深度范围内的聚焦,以此来保证在各个深度都具有较高的检测灵敏度和信噪比。典型的 DDF 声场分布如图 4-9 所示。

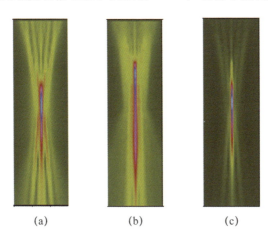

图 4-9 相控阵动态深度聚焦(DDF)声场分布
(a)发射声场;(b)接收声场;(c)合成声场。

3)焦点间距的确定

焦点间距(step)是 DDF 的关键参数。若焦点间距选择过大,则每点间的焦柱长度不能相互覆盖,导致未覆盖区域聚焦效果差;若焦点间距选择过小,则接收聚焦次数多,所用时间长,影响实际检测效率,也增加了数据处理量。图 4-10 所示为不同焦点间距下相控阵声场的声压曲线模拟结果。

图 4-10(a)中(step=2.5mm),近表面声场曲线起伏大,5mm 深度范围以内相邻曲线交点处声压下降超过 6dB,可尝试通过调整发射聚焦深度解决这一问题。5~35mm 深度声场分布状况良好,35mm 之后,焦点之间声压几乎无起伏,焦点间距可适当增大,从而在保证灵敏度的前提下,减少检测时

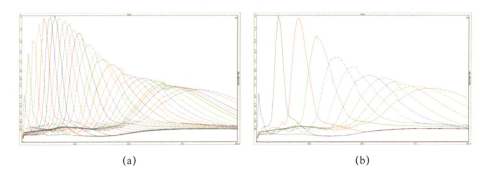

图 4-10 不同焦点间距下相控阵的声压曲线模拟结果

(a)焦点间距 2.5mm；(b)焦点间距 10mm。

间，提高效率。在图 4-10(b) 中（step = 10mm），35mm 深度之前，焦点之间声压下降超过 6dB，不能满足检测要求；35mm 之后，声压变化不大，10mm 焦点间距基本满足要求。

2. 超声相控阵检测方案的确定

根据以上模拟结果，针对高度为 165mm 的高墙结构，共分为 3 个区，如表 4-3 所示的分区动态深度聚焦检测方案。

表 4-3 高墙结构的相控阵分区动态聚焦检测方案

检测范围	发射聚焦法则	接收聚焦法则	焦点间距
分区 1(0～35mm)	单点聚焦，焦深 15mm	DDF，范围 0～35mm	2.5
分区 2(30～100mm)	单点聚焦，焦深 70mm	DDF，范围 30～100mm	10
分区 3(90～170mm)	单点聚焦，焦深 130mm	DDF，范围 90～170mm	20

图 4-11 所示为按照表 4-3 方案得到的整个检测深度范围内声场相对幅值的分布情况。由此可知，该方案可保证在整个深度范围内都具有较高的检测灵敏度，相邻焦点之间的声压起伏不大于 3dB。在整个深度范围内幅值的变化不超过 9dB，在实际检测过程中，还可通过分别设置每个分区的增益值来减小不同分区之间的幅度差异。

3. 相控阵检测方案的试验验证

为了验证通过数值模拟设计的高墙结构相控阵检测方案的可行性，设计制作两块激光熔粉沉积钛合金高墙结构试样（图 4-12），分别模拟高墙结构的

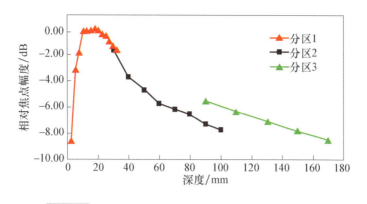

图 4-11　整个检测深度范围内声场相对幅值分布曲线

大厚度和侧壁对超声检测的影响,并在试样上进行相控阵检测方案的试验验证。

(1) 在含有埋深分别为 60mm、80mm、110mm、130mm、160mm 的 $\phi 0.8$mm 平底孔的高墙结构试样上,采用所设计的检测方案进行大厚度对检测影响的试验。

(2) 在含有埋深分别为 60mm、80mm、110mm 的 $\phi 0.8$mm 平底孔,且孔距侧壁分别为 15mm、5mm、3mm 的高墙结构试样上,采用所设计的检测方案进行侧壁对检测影响的试验。

除了采用超声相控阵技术,还采用单晶探头分区聚焦技术进行试块上人工伤的检测,与相控阵检测结果进行对比。图 4-13 和图 4-14 所示为埋深 60mm 平底孔的检测结果。

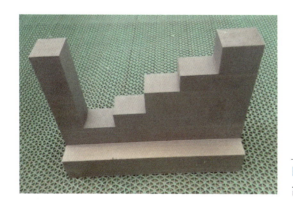

图 4-12　高墙结构试样

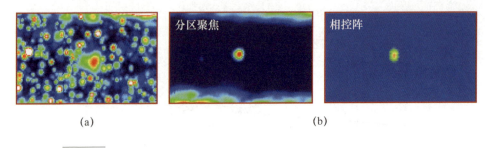

图 4-13 检测方案优化前后大厚度影响程度的对比（埋深 60mm 平底孔）

（a）常规方法；（b）优化后检测结果。

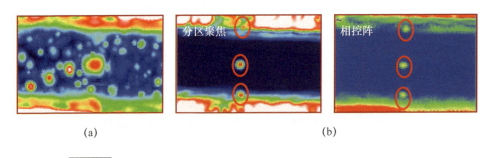

图 4-14 检测方案优化前后侧壁影响程度的对比（埋深 60mm 平底孔）

（a）常规方法；（b）优化后检测结果。

经过试验验证表明，在不考虑侧壁影响的前提下，所设计的相控阵检测方案可实现最大埋深为 160mm 的 $\phi 0.8$mm 平底孔可检。若同时考虑侧壁影响，则加工余量小于 4mm 时，对于厚度大于 80mm 的制件，需要从双侧进行检测。

多探头分区聚焦检测与相控阵分区动态深度聚焦检测的结果具有良好的一致性。相比较而言，采用相控阵只需进行一次扫查即可完成对制件整个高度的检测，而多探头分区聚焦则需要进行 5 次扫查，并更换 3 次探头，相控阵节省了扫查时间和探头调整时间；但相控阵近表面杂波高，导致近表面盲区较多探头分区聚焦大。相控阵检测技术作为未来检测发展的方向，还具有进一步优化的空间，有望在制件检测中得到应用。

4.2.3 超声相控阵技术在增材制造制件检测中的应用前景分析

增材制造技术将每一层"薄片"叠加而形成三维实体零件，无须传统的刀具或模具，即可实现传统工艺难以或无法加工的复杂结构的制造，但零件的复杂性使得传统的单探头超声检测有时难以实施，因为无法控制声束方向，需要不断更换探头位置从各个方向扫查，而这又往往受到限制，无法实现。超声相控阵技术的突出优点是可灵活控制声束在空间各方向、各区域扫描，在不移动或少移动探头的情况下就可以方便地实现对复杂形状工件的扫查和检测。尤其对于一些因结构遮挡导致常规方法声束无法覆盖的部位，利用超声相控阵技术声束角度灵活可控的优势可有效解决。因此，超声相控阵技术在增材制造复杂结构检测方面具有广阔的应用前景。

除可成形复杂结构制件之外，采用增材制造技术可一次完成大型整体结构件的成形，这类制件往往尺寸较大，采用常规检测手段检测时其分辨力和灵敏度经常不尽如人意，并且检测效率较低。超声相控阵声束的聚焦技术具有常规超声无法比拟的独特优势，其焦点尺寸和聚焦位置连续动态可调，从而无须频繁更换探头即可在较大范围内保证一致的检测灵敏度和分辨力，提高检测效率和精度，在大尺寸制件的检测方面具有一定优势。因此，增材制造大尺寸制件的超声相控阵检测技术也将成为未来重要的研究和应用方向之一。

4.3 超声相控阵全矩阵聚焦技术

基于全矩阵聚焦技术的超声相控阵检测是一种新兴的相控阵超声检测方法。该方法首先对被测试样进行全矩阵数据的采集和存储，然后通过对全矩阵数据进行相位延时、加权合成等数据处理实现超声波在试样内部目标位置的虚拟聚焦，此时的声波并没有在试样内部真实的聚焦，而是一种数据的处理。因此，该方法的核心是设计先进的虚拟聚焦算法实现从全矩阵数据中挖掘出缺陷特征信息并表征缺陷。

本节首先描述了全矩阵数据的采集方法，然后提出全聚焦检测方法，最后对增材制造金属试样进行检测应用。

4.3.1 全矩阵数据采集

全矩阵数据是超声相控阵全矩阵聚焦技术的基础。全矩阵数据采集（full

matrix capture，FMC)是指通过控制相控阵超声换能器中各阵元晶片依次激励超声波，每次激励时，换能器中全部阵元独立接收超声回波信号的数据采集过程，所获得的原始超声检测信号是非常丰富的。对于常规相控阵超声检测技术中声束任意偏转及聚焦所获得的超声回波信号均可通过对全矩阵数据实施特定的数据处理算法而生成。

如图 4-15 所示，设相控阵换能器由 N 个阵元晶片组成，全矩阵数据的采集过程可描述为：首先，使第 1 个阵元激励超声波，各阵元分别接收回波信号，则所获得的回波数据可定义为 $S_{1,rx}(M)$ ($rx=1, 2, \cdots, N$)，共获得 N 组数据，其中 M 代表每组超声回波数据的采样点数；然后，依次使各阵元分别作为激励源接收回波信号。设某阵元 tx 为激励阵元，某阵元 rx 为接收阵元，则所获得的超声回波数据可定义为 $S_{tx,rx}(M)$。因此，当所有阵元分别独立作为激励阵元，所有阵元分别接收超声回波数据时，全矩阵数据可定义为 $S_{tx,rx}(M)$ ($tx=1, 2, \cdots, N$; $rx=1, 2, \cdots, N$)，共获得一个 $N \times N \times M$ 的三维数组。

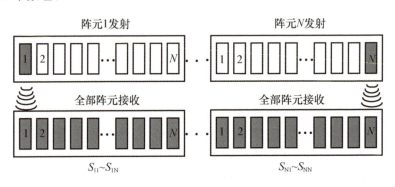

图 4-15　全矩阵数据采集示意图

4.3.2　全聚焦方法

全聚焦方法(total focusing method，TFM)就是基于全矩阵数据采用特定数据处理算法进行虚拟聚焦计算的过程，通过一次数据计算即可同时获得成像区域中任意位置的幅值信息，从而实现缺陷的图像表征。

如图 4-16 所示，被测试样位于笛卡儿坐标系 OXZ 中，相控阵换能器置于被测区域上表面，其中心位置位于坐标原点 O 上。首先，采集一组全矩阵

数据 $S_{tx,rx}(t)$ ($tx = 1, 2, \cdots, N$；$rx = 1, 2, \cdots, N$)，则被测区域中某聚焦点(x，z)的幅值 $I(x, z)$ 表示为

$$I(x,z) = \sum_{tx=1}^{N}\sum_{r=1}^{N} S_{tx,rx} t_{tx,rx}(x,z) \tag{4-1}$$

$$t_{tx,rx}(x,z) = \frac{\sqrt{x_{tx} - x^2 + z^2} + \sqrt{x - x_{rx}^2 + z^2}}{c} \tag{4-2}$$

式(4-1)中，$t_{tx,rx}(x, z)$ 代表声波从第 tx 号阵元激发的超声波传播到目标聚焦点(x，z)，再被 rx 号阵元接收所花费的时间，可由式(4-2)计算获得；$S_{tx,rx}(t_{tx,rx}(x, z))$ 代表第 tx 号阵元激发、第 rx 号阵元接收的超声回波信号中表征目标聚焦点(x，z)的幅值信息；$I(x, z)$ 表示换能器中全部阵元发射和接收的超声回波信号在该目标聚焦点(x，z)的幅值叠加。

然后，通过对成像区域进行网格划分，确定每个聚焦点的位置，再采用式(4-1)和式(4-2)计算成像区域中各聚焦点的幅值，即可根据幅值信息实现图像表征。成像时图中各点的能量采用 dB 的标度方式，并以最大反射幅值做归一化处理。

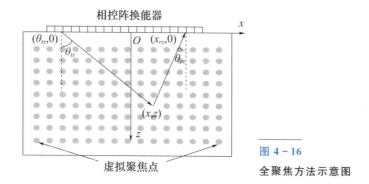

图 4-16
全聚焦方法示意图

4.3.3 相控阵线形阵列换能器的检测试验

采用相控阵线形阵列换能器对增材制造金属试样进行检测试验。被检测试样为 TC11 增材制造试样，高 60mm，在试样 3 个方向（扫描方向、步进方向、成形方向）的正中心分别有 1 个直径 0.8mm 的平底孔缺陷。采用的相控阵换能器参数为 10MHz、64 阵元晶片、0.3mm 阵元间距、10mm 阵元宽度。图 4-17 为试样在 3 个方向的全聚焦成像检测结果。

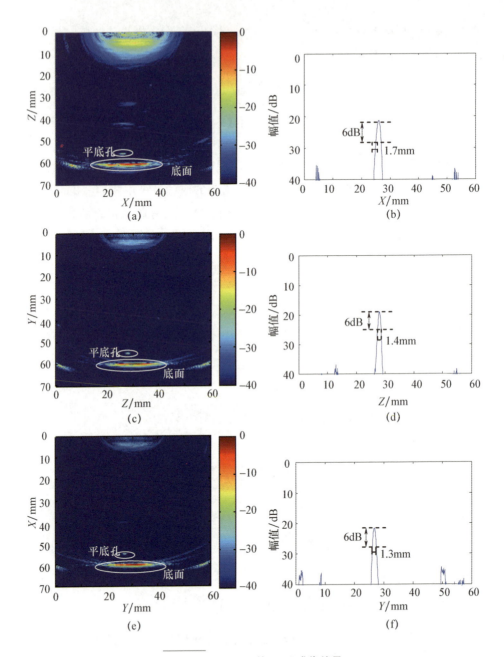

图 4-17 10MHz 的 TFM 成像结果

(a) XY 方向上;(b) 在 $z=55$mm 水平线上的幅值曲线图;
(c) XZ 方向上;(d) 在 $y=55$mm 水平线上的幅值曲线图;
(e) YZ 方向上;(f) 在 $x=55$mm 水平线上的幅值曲线图。

全聚焦方法每个阵元晶片单独发射声波,所有阵元分别接收回波信号,该检测方式经过适当的数据处理有利于提高缺陷灵敏度并减小内部噪声的反射,但仅一个阵元晶片发射声波,探头的穿透能力较差。而常规相控阵检测方法所有阵元同时聚焦到指定位置,穿透能力强,但内部噪声的反射也强。因此,全聚焦方法会具有更好的信噪比。

4.3.4 超声相控阵全矩阵聚焦技术的未来优势

超声相控阵全矩阵聚焦技术的优势主要有以下几点。
(1)大大简化了检测参数的设置和操作过程。
(2)利用一个探头一次扫查完成多个检测任务(多角度、多焦点)。
(3)可以达到高分辨力。
(4)检测效果不受缺陷取向的影响。
(5)信噪比优于常规超声相控阵检测。

对于解决增材制造材料各向异性对超声检测的影响,提高小缺陷的检测信噪比,全矩阵聚焦成像可利用其完整的数据包和后处理过程,尝试进行声速各向异性和衰减各向异性的补偿,以期改善缺陷检测的信噪比和缺陷定量的准确性。这方面的研究还有待进一步深入进行。

参考文献

[1] 钟志民,梅德松. 超声相控阵技术的发展及应用[J]. 无损检测,2002,24(2):69-71.
[2] 李衍. 超声相控阵技术第一部分基本概念[J]. 无损探伤,2007,31(4):24-28.
[3] R/D Tech Inc. Introduction to phased array ultrasonic technology applications[M]. Kent:Olympus,2004.
[4] 杨帆. 均匀化热处理及热等静压对电子束成形 Aermet100 钢性能的影响[D]. 北京:中国航空研究院,2013.
[5] 韩立恒. A-100 钢电子束熔丝成形制件超声波检测特性研究[D]. 北京:中国航空研究院,2014.
[6] 韩立恒,巩水利,锁红波,等. A-100 钢电子束熔丝成形件超声相控阵检测应用初探[J]. 航空制造技术,2016(8):66-70.

第 5 章 工业 CT 检测技术在增材制造检测中的应用

5.1 概述

5.1.1 工业 CT 简介

工业 CT 检测技术，又称为计算机层析成像检测（computed tomography，CT）技术，是一种在不破坏物体结构的前提下，根据穿透物体所获取的某种物理量的投影数据（通常为 X 射线衰减后的强度），运用一定的数学方法，通过计算机处理，重建物体特定层面上的二维图像，以及依据一系列上述二维图像构成三维图像的技术。

早在 1917 年，奥地利数学家 J. Radon 就提出了利用物体不同方向上的投影重建图像的 Radon 变换，为 CT 技术提供了理论基础。但直到 20 世纪 70 年代，随着科学技术，特别是物理学和计算机科学的迅速发展，该技术才得以实现。1963 年，美国物理学家 A. M. Cormak 第一个提出 X 射线计算机断层扫描成像理论。1972 年，英国 EMI 公司电子工程师博士 G. Hounsfild 与神经放射学家 Ambrose 合作，研制成功第一台真正实用于医学临床的颅脑 X 射线计算机断层扫描成像设备，即所谓医学 CT。随后 CT 检测技术迅猛发展并在工业领域也得到了广泛的应用。截至目前，CT 技术的发展按扫描方式划分已经经历了以下 3 个阶段。

（1）第一代 CT（平移+旋转扫描）。第一代 CT 使用单源单探测器系统，系统相对于被检物做平行步进式移动扫描以获得多个投影值，被检物则按若干个分度做旋转运动。第一代 CT 机结构简单、成本低、图像清晰，但检测速度慢、效率低，在工业 CT 中很少采用。

（2）第二代 CT（扇束扫描）。第二代 CT 探测单元增加到 300～4000 个，能够覆盖整个扇形扫描区域。扫描时，试件仅做连续旋转运动即可，大大缩短了扫描时间。

(3) 第三代 CT (锥束扫描)。第三代 CT 使用面阵探测器代替线阵探测器，使用锥束扫描代替扇束扫描，进一步提高了扫描速度。

不同 CT 扫描方式如图 5-1 所示。

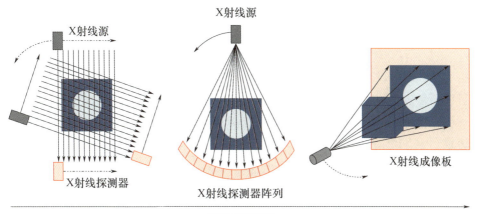

图 5-1　不同 CT 扫描方式

随着设计水平和制造技术的提升，增材制造产品正逐渐向复杂精细结构发展，因此工业 CT 检测技术在增材制造检测领域的优势日益突出，受到了越来越多的关注。由于检测过程不受零件材料、形状的限制，不仅可用于缺陷检测，还可用于内部几何量测量。目前国际上工业 CT 检测技术发展，一方面集中于设备系统性能提升，如选用电子直线加速器源或同步辐射源作为射线源以提高射线穿透能力和检测效率、减小源焦点尺寸和探测器单元尺寸以提高空间分辨率等；另一方面，工业 CT 系统开始向模块化、信息化方向过渡。目前工业 CT 系统已应用于增材制造产品从宏观到微观全尺寸范围的检测，不仅包括复杂精细结构尺寸测量、形变评价，还包括微米级缺陷检测、缺陷形貌及分布建模等。

值得一提的是，微纳 CT 在增材制造检测过程中正逐渐发挥出其他无损检测技术无可替代的作用。自德国 Phoenix 公司 2001 年提出纳米 X 射线球管技术以来，在 2006 年该公司又研制出第一台纳米 CT 系统，以满足对 CT 系统超高分辨率的需求，其空间分辨率已接近同步辐射相位 CT 的精度。为进一步扩展纳米 CT 应用范围，GE 公司在原有德国 Phoenix 纳米 CT 基础上于 2010 年推出更为成熟的纳米 CT 系统，集成了最先进的 X 射线球管、探测器及软件包，其整个系统的先进设计理念保证了优良的图像质量，主要体现在大理石操控台、温控装置、高精度测量定位系统、精确的空气轴承旋转单元及控制台防振层等主要关注环节。球管靶点由几微米厚的钨或钼喷镀在铍或化学蒸汽沉淀金刚石方式组成，电子束轰击靶点产生 X 射线，焦点最小可达 0.9μm。探测器是由针孔状 CsI 闪烁沉淀在非晶硅面板形成的，可保持温度稳定性，同时该系统软件集成了完备的数据校正技术以提高图像质量，包括射束硬化校正、环形伪影校正、漂移补偿等方法。

比利时 SkyScan 公司专注于 3D 无损检测系统研制，经过 20 多年的技术积累，于 2011 年推出了实验室纳米 CT 扫描仪 Skyscan 2011，最大管电压为 80kV，极限空间分辨率为 150nm。而美国 Xradia 公司的 NanoXCT 系统在原有 MicroCT 系统设计的基础上引入了菲涅尔波带片的圆衍射光栅，通过反射聚焦 X 光，克服了传统投影式 X 光显微系统应用的局限性。正是由于菲涅尔波带片的应用，样本在空间位置上始终处于光源和检测器的中间，同时配合旋转轴，能够收集样本几乎所有层面的二维影像数据，这样空间分辨率不再受到点光源大小的限制，而且真正实现了三维成像，图像分辨率达到了 60nm。

正是结合了三维数字化成像及微米级细节显示的优势，微纳 CT 检测技术不仅越来越多地应用于增材制造工艺优化过程中，也为后期产品质量检测评价提供新的思路。

5.1.2 增材制造的工业 CT 检测技术需求

工业 CT 检测技术早期在增材制造的应用起源于医学领域，在 20 世纪 90 年代，工业 CT 被广泛用于医用产品的逆向工程，并逐渐被尝试用于产品检测。工业 CT 在增材制造领域的首次定量检测，是利用 CT 测量数据对比增材制造数字模型中的数值，并证明两者在尺寸上保持误差 0.5mm 的一致性，随后将 CT 检测输出数据直接用于增材制造的输入文件。在 2005—2010 年期间，工业 CT 被越来越多地应用于增材制造零件的测量，尤其作为一种气孔尺寸测量的有效工具，包括测量孔隙率、孔隙形貌、孔隙分布规律特征，帮助增材制造优化结构设计、制造参数、热处理条件等全工艺过程[1]，如图 5-2 所示。

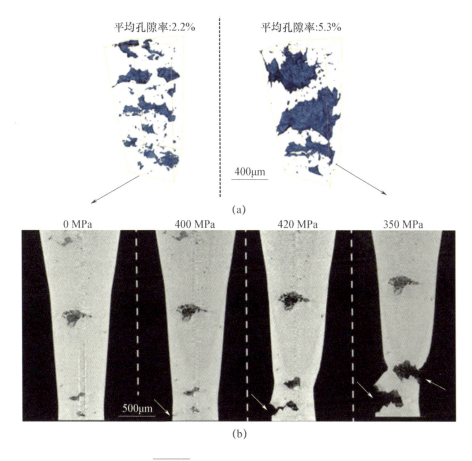

图 5-2　气孔的工业 CT 检测图像

在最近的一段时间里，工业 CT 在缺陷定量和尺寸计量领域都得到了快速发展。通过对比阿基米德密度测量方法和 SEM 等显微观察方法，验证 CT 检测技术测量增材制造孔隙率结果的准确性。利用微纳 CT 的高空间分辨率特征，部分学者研究了增材制造过程中孔洞及裂纹的形成过程及原理。同样在这段时期中，工业 CT 还用作产品尺寸测量的工具，如测量点阵结构特征尺寸，研究工作主要集中于测量不确定度的评价及测量精度的影响因素。另外，工业 CT 还用于分析增材制造零件表面粗糙度[2]，如图 5-3 所示。

 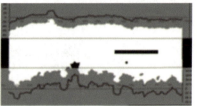

图 5-3　工业 CT 用于评价增材制造零件表面粗糙度

5.2　复杂精细结构内部缺陷的检测

5.2.1　主要难点及国内外研究现状

在高能束长期循环往复"熔化-搭接-凝固堆积"的增材制造过程中，主要工艺参数、外部环境、熔池熔体状态的波动和变化、扫描填充轨迹的变换等不连续和不稳定，都可能在零件内部产生各种特殊的内部冶金缺陷，如层间及道间局部未熔合、孔隙、卷入性和析出性气孔、细微夹杂物、内部特殊裂纹等。另外，在高能束增材制造过程中强约束下移动熔池的快速凝固收缩等超常热物理和物理冶金现象，在零件内产生的应力水平很高、演化及交互作用过程极其复杂的热应力、相变组织应力和约束应力，在强耦合交互作用下的应力集中导致零件严重变形甚至开裂。

传统无损检测方法很难满足增材制造构件中缺陷检测的灵敏度要求。高能束增材制造构件中气孔、空隙、夹杂、未熔合、裂纹等缺陷几乎不可避免，如图 5-4 所示，并且在尺寸、数量方面存在较大的随机性和波动性，其主要特点是平均尺寸小、空间分布广、缺陷种类多。高能束增材制造构件多为复杂结构，在检测可达性方面给无损检测带来了很大难度。目前针对高能束增材制造构件，尤其是激光选区熔化制造的复杂精细结构制件，常规 X 射线检测和超声检测由于检测灵敏度及构件结构限制难以有效检出其内部缺陷，导致上述结构中危险缺陷缺乏可靠控制。而增材制造构件中难以避免的缺陷的存在，又往往是高能束增材制造构件的高周疲劳等关键力学性能数据分散、不能达到锻件水平的重要因素，导致增材制造技术难以应用于关键及主承力构件。

 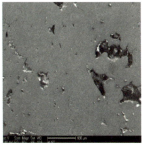 

图 5-4　高能束增材制造典型缺陷

目前在激光选区熔化制造精细复杂构件的缺陷检测方面，工业 CT 技术成为最受关注的技术手段。这个领域国内外仍处于实验室研究阶段，研究对象主要集中于小型样品中尺寸小于 0.15mm 的微孔，如图 5-5 所示，尚未应用于整体构件实际检测。其主要难点在于构件结构复杂、尺寸跨度范围大，裂纹、孔隙、夹杂等不同类型缺陷的形态和分布不同，缺陷尺寸小至微米级，采用单一的 CT 检测技术手段难以满足缺陷检测灵敏度和分辨率要求。因此在检测手段上，需要选用小焦点 CT、微纳 CT、双能 CT 等多种 CT 检测技术有机结合对上述缺陷进行检测。

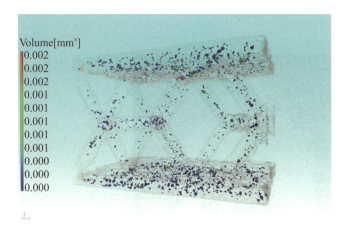

图 5-5　激光选区熔化制造构件中典型微孔缺陷分布特征

对于CT检测技术，最大的困难在于检测范围和检测精度是一对不可调和的矛盾，传统CT检测通常受到感兴趣区域位置限制，在检测过程中被迫采用构件整体截面作为扫描区域，而感兴趣区域仅在扫描区域中占据较小的范围导致极大的牺牲了检测精度，小尺寸缺陷由于空间分辨率不足而难于被检出。近期，局部结构CT扫描成像技术成为解决此问题的最佳方案，该技术原理如图5-6所示。在确定构件关键位置作为检测对象后，通过缺陷检测尺寸需求计算所需空间分辨率，调整放大比使得目标区域在检测过程中产生的信号可完全被探测器接收，通过局部重建技术得到目标区域的检测图像。虽然该方法不可避免地会引入大量伪影，但是如果调整合适的扫描参数，以增大缺陷和材料之间的对比度差异，气孔及未熔合等缺陷依然可以清晰显示，如图5-7所示。

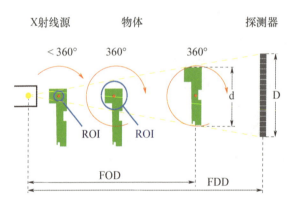

图 5-6

局部结构 CT 扫描成像技术原理

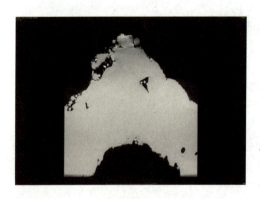

图 5-7

局部结构 CT 扫描图像及伪影

在典型应用方面，Anton du Plessis 等通过微纳 CT 技术检测增材制造钛合金制件中的气孔，对比各向同性热等静压工艺前后增材制造制件中的缺陷变化情况[3]，结果如图 5-8 所示。Fabien Leonard 等则借助工业 CT 研究了增材制造钛合金制件几何形状和成形方向对缺陷形成的影响[4]，如图 5-9 所示。Nicola Vivienne Yorke Scarlett 等尝试使用同步辐射 X 射线 CT 系统表征钛合金增材制造构件中的缺陷，以获得整个增材制造构件的高精度扫描结果[5]，如图 5-10 所示。

图 5-8　工业 CT 检测热等静压前后增材制造构件中的缺陷变化

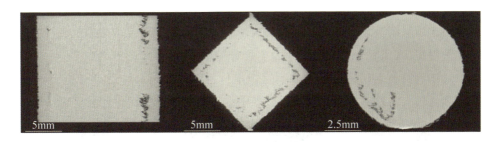

图 5-9　不同几何形状对增材制造缺陷形成的影响

5.2.2　精细结构内部缺陷 CT 成像的优化

工业 CT 检测缺陷的基本原理是利用缺陷与材料的密度差异而产生的射线衰减程度差异，使得 CT 图像中缺陷所在空间位置与材料产生可分辨的灰度差，进而实现材料内部缺陷的识别。精细结构内部的微小缺陷检出首先取决于能否获得足够对比度和分辨率的缺陷影像。在 CT 设备提供的基本能力前提下，需要针对检测过程的主要影响因素采取优化操作，获得最佳缺陷影像。

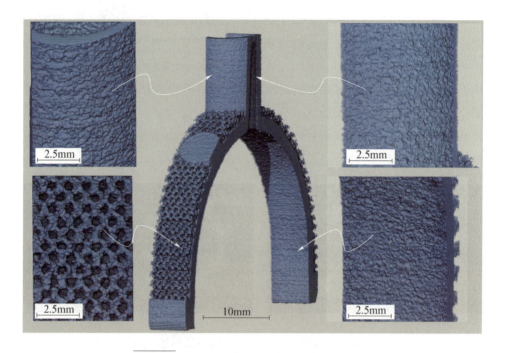

图 5-10　同步辐射 CT 检测增材制造构件结果

对于增材制造缺陷而言,影响其成像质量的因素主要包括零件材料厚度、结构散射线、CT 系统空间分辨率及密度分辨率等。

对于相同类型相同尺寸缺陷而言,零件材料厚度越大,最小可检缺陷尺寸会随之增大,缺陷检测能力下降,如图 5-11 所示。

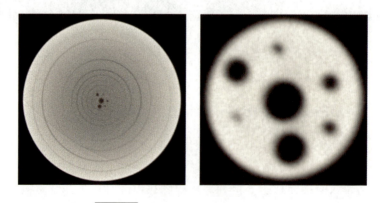

图 5-11　不同材料厚度缺陷成像差异

另外，增材制造零件通常为镂空结构，容易在结构表面形成较为严重的散射线，从而影响小尺寸结构表面附近区域成像质量，导致缺陷信号完全被掩盖，如图 5-12 所示。因此，需要采用一些硬件和软件的处理以消除散射线对图像质量的影响。

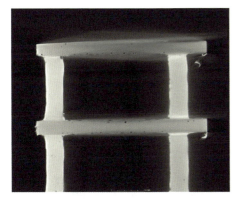 

图 5-12　散射线对近表面缺陷识别的影响

最后，工业 CT 系统性能是决定缺陷成像质量的关键，空间分辨率影响可识别的最小细节及缺陷的形貌精细度，密度分辨率影响缺陷所在位置的图像噪声强度。通过图 5-13 可以看出，当模拟裂纹缺陷的宽度足够小时，裂纹已无法识别。此时需调整扫描工艺，减小 CT 成像系统的不清晰度，如调整放大比、进行探测器微动插值等。

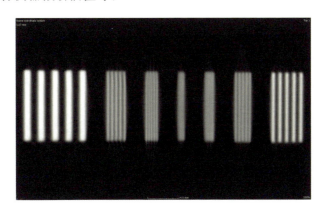

图 5-13　散射线对近表面缺陷识别的影响

5.2.3 增材制造缺陷的图像识别和统计方法

通常在获得缺陷的 CT 图像后，人工观察图像的灰度异常区域，以识别缺陷的存在，但对于选区熔化复杂精细结构来说，内部可能存在大量的弥散分布气孔，人工识别和分析往往是困难的。尤其是高分辨率的微纳 CT，常用于对试样中的缺陷进行精细分析，此时，需要对缺陷自动识别和统计，给出尺寸、位置等分布信息。

工业 CT 的图像中含有均匀分布的椒盐噪声，使得材料和空气在灰度图像上呈现具有一定宽度的正态分布。当缺陷经 CT 成像后的灰度与材料或空气的灰度分布区间重合，则会使缺陷与噪声难以通过直接的灰度阈值进行有效分割。材料内部缺陷和材料表面缺陷如图 5-14 所示。

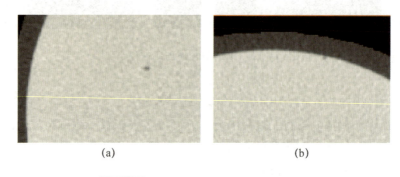

图 5-14　材料内部缺陷和材料表面缺陷

(a)材料内部缺陷；(b)表面缺陷。

分别对两类缺陷图像采用 Non-Local means 滤波、高斯滤波、中值滤波、均值滤波、锐化滤波等算法对缺陷附近局部区域进行图像处理。经滤波后的缺陷灰度图像如图 5-15 和图 5-16 所示。

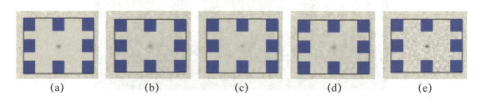

图 5-15　材料内部缺陷不同滤波算法处理效果

(a)Non-Local means；(b)高斯滤波；(c)中值滤波；(d)均值滤波；(e)锐化滤波。

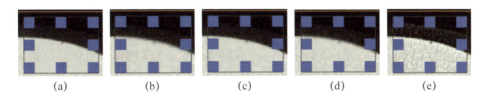

图 5-16 材料表面缺陷不同滤波算法处理效果

(a)Non-Local means；(b)高斯滤波；(c)中值滤波；(d)均值滤波；(e)锐化滤波。

通过对比不同图像滤波方法效果可以看出，仅 Non-Local means 滤波算法在有效去除 CT 图像椒盐噪声的同时，能够保留缺陷外形轮廓和对比度。对于高斯滤波算法，降低噪声的同时缺陷对比度同样降低；对于中值滤波算法，小缺陷由于灰度与材料接近几乎直接被去除；对于均值滤波，噪声去除效果与 Non-Local means 算法相当，但缺陷轮廓变大，导致缺陷尺寸失真；对于锐化滤波，缺陷对比度明显增强，但图像噪声也显著提高，虽然有利于人工识别率，但是由于与噪声灰度分布区间重合度增加，导致缺陷自动识别更加困难。

综合上述对比结果，Non-Local means 是一种适合高噪声背景下小缺陷识别的图像预处理滤波算法，对整个试样进行滤波处理效果对比如图 5-17 所示。

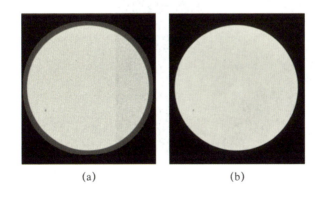

图 5-17 采用 Non-Local means 滤波算法图像处理前后对比

由于缺陷灰度分布区间与材料灰度分布区间有重叠，因此难以通过灰度阈值对缺陷直接进行识别。另外，由于增材制造材料内部缺陷多为微米级孔形缺陷，数量多且分布广，采用人工识别的方式进行缺陷标记，容易造成漏检。

引入 Tophat 图像分割算法，对经滤波后的 CT 灰度图像进行处理。缺陷经 Tophat 算法识别后效果如图 5-18 所示。

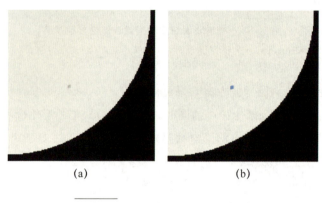

图 5-18　缺陷的 Tophat 识别算法

利用该算法可实现缺陷识别自动化，对整个试样进行缺陷识别的结果如图 5-19 所示。

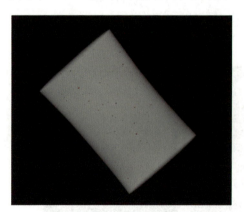

图 5-19
识别缺陷的三维空间分布

由于缺陷经识别后转化为以体素为基本单元的三维二值图像，每个缺陷由有限个体素构成，每个体素的体积和空间坐标已知，因此经过简单地统计分析即可获得缺陷三维信息的定量统计，包括缺陷体积、表面积、最大/最小粒径、几何中心坐标等。其中，不同体积缺陷数量分布和不同粒径缺陷数量分布分别如图 5-20 和图 5-21 所示。

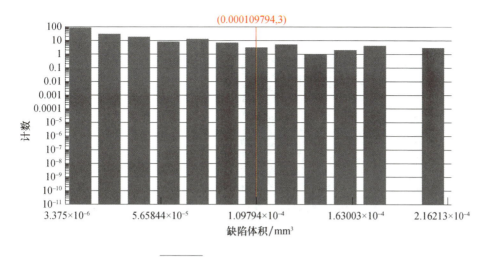

图 5-20 不同体积缺陷数量分布

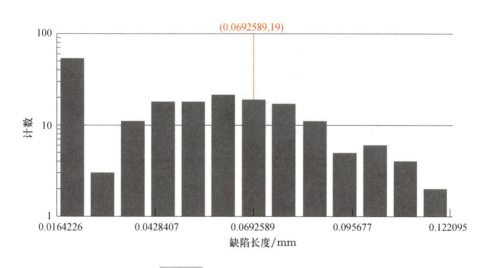

图 5-21 不同粒径缺陷数量分布

当缺陷统计需要与材料结构进行交互时，无法仅通过缺陷自身统计信息完成，如缺陷距材料表面距离计算。此时可采用材料三维统计分析，如材料内部任意一点距材料表面距离，如图 5-22 所示。同时将空间中所有缺陷的几何中心作为掩模（图 5-23），提取材料内部缺陷所在位置距材料表面距离。

通过上述方法获得缺陷距材料表面距离统计结果如图 5-24 所示。容易看出该试样内部缺陷距表面距离分布较为均匀，未出现在材料近表面或材料中心附近的聚集。

图 5-22 材料内部各点距材料表面距离分布

图 5-23 材料内部缺陷几何中心的空间分布

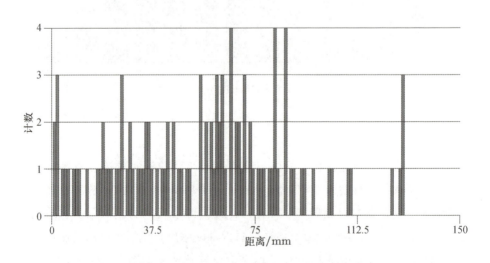

图 5-24 材料内部缺陷距材料表面不同距离的数量分布

5.3 复杂精细结构成形尺寸的测量

5.3.1 主要难点及国内外研究现状

增材制造技术由于能够采用拓扑优化实现高性能复杂结构金属零件的无模具、快速、全致密近净成形,为实现结构的可控密度、紧凑性和多功能设计创造了重要条件。然而,也正是因为增材制造构件通常具有复杂的内部结构,以复杂点阵镂空结构为例,如图 5-25 所示。传统的接触式或光学式尺寸测量方法,其测点难以抵达内部结构表面,因此内部轮廓尺寸检测也成为当前复杂点阵镂空结构成形质量控制的一个难题。作为结构件应用的重要一环,对其结构尺寸及形变能否进行准确评价,成为增材制造构件应用的直接制约因素。因此,为了能够实现增材制造尺寸和形变的主动控制,需要建立内部轮廓尺寸可靠的检测方法,有效地对构件结构形变进行定量表征。

图 5-25
激光增材制造复杂点阵镂空结构

工业 CT 尺寸测量方法作为工业 CT 检测技术在无损检测领域中的具体应用之一,是一种非接触式坐标测量技术。相对于传统的三坐标测量机,该技术的优势在于:①实现几何量的无损检测,具有内外表面的可达性;②获取更加密集的点云数据,快速实现三维成像。因此,针对增材制造复杂结构,采用工业 CT 检测技术实现内部轮廓高精度尺寸检测,解决增材制造结构检测困难等问题。

采用工业 CT 检测技术进行结构尺寸测量属于计量学范畴,计量主要包括 3 个方面任务:①国际统一的测量单位定义;②采用科学的方法获取测量值;

③通过量值溯源确定测量精度。在工业 CT 尺寸测量过程中，不仅需要根据增材制造结构确定适宜的检测过程、优化检测参数并建立工业 CT 尺寸测量方法，还需要建立测量不确定度计算方法，表征检测结果精度，提高测量数据的可靠性。

由于工业 CT 具有非接触、采样效率高、不受几何形状影响、内部和外部结构同时测量等优势，国外正在积极开展工业 CT 三维精密测量技术研究，并着力解决计量溯源校准等方面问题。工业 CT 在尺寸测量方面的应用始于 20 世纪 90 年代，应用初期存在测量精度不高的问题。2005 年，德国 Werth Messtechnik 公司推出了第一台"尺寸计量"专用 CT 测量机，随后各厂商纷纷推出性能更强大的 CT 系统。在工业 CT 计量应用研究方面，德国 PTB(the german federal institute of physics)使用经过 CMM 校准探测误差和尺寸测量示值误差的标准器校准工业 CT。比利时鲁汶大学利用高精度模体针对工件摆放位置、边缘探测等对影响工业 CT 系统测量值误差的影响进行了研究。近年来，各种用于尺寸测量校准的标准器正朝着实物工件的方向发展，GE/Phoenix 使用专用标准件校准工业 CT 设备精度，PTB 设计了含有标准球的可拆卸铝铸件。在尺寸测量精度方面，美国通用电气公司通过红宝石球进行验证试验，并采用散射线补偿的方法来进一步提高测量精度，如图 5 - 26 所示。

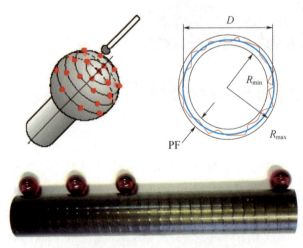

PF—探测形状误差；R_{max}—拟合球的最大半径；
R_{min}—拟合球的最小半径；D—工业CT测得球的标准直径。

图 5 - 26　通过红宝石球验证工业 CT 尺寸测量精度

在标准方面，目前国际上可借鉴的文献资料包括美国空军项目 MAI 计划于 2013 年发布的《航空航天铸件扇束工业 CT 尺寸测量方法指南》，该标准较为系统地给出了扇束工业 CT 用于航空铸件尺寸测量的方法。另一份可借鉴的文献资料为德国《VDI/VDE 2630 工业 CT 尺寸测量》，该标准为系列标准，包含原理与术语、测量影响因素与建议、尺寸测量应用指南、测量过程及比较、测量不确定度及测量过程适宜性确定等方面。

综上可以看出，国外在工业 CT 测量技术方面研究主要集中于两个方面：一是引入计量相关概念，通过确定测量不确定度以控制测量精度；二是将工业 CT 测量过程标准化，确定该技术的具体要求和适用性。

国内工业 CT 技术主要应用于无损检测领域，在几何量测量和计量化应用方面起步较晚。工业 CT 测量技术的主要需求来源于产品尺寸测量，测量误差约为 0.03mm。在计量基础方面，中国计量学院王义旭针对工业 CT 探测尺寸误差进行了校准和分析，中国工程物理研究院基于工业 CT 技术的结构尺寸测量精度展开了研究，将测量误差控制在 19μm 以下。

在典型应用方面，S. Van Bael 等将工业 CT 应用于多孔结构几何形状控制，通过对比增材制造实际生产制件的 CT 图像，计算孔结构尺寸、壁厚、结构体积等几何信息，与设计值进行对比，修正相关工艺参数，最终完成产品几何形状的控制[6]，如图 5-27 所示。A. Jansson 等则直接采用 CT 技术测量增材制造零件的内部结构尺寸，并将测量结果与三坐标测量机和 CAD 模型数据进行对比，验证 CT 测量结果的有效性[7]。

5.3.2 工业 CT 尺寸测量的关键因素

增材制造零件通常具有小尺寸精细结构，这为工业 CT 尺寸测量的应用提出了两个主要难题：一是小尺寸结构表面在 CT 图像中的位置无法通过解析法获得。工业 CT 受系统性能限制，当结构尺寸小于某个特定值时，其成像规律会发生明显改变，即存在尺寸测量极限，因此小尺寸结构表面位置会从传统的半高宽或最大灰度梯度位置发生偏移，使得基于表面位置进行的结构尺寸测量产生较大误差，因此难以在 CT 灰度图像中确定小尺寸结构表面的准确位置。二是增材制造表面粗糙度对 CT 尺寸测量影响规律尚不明确。由于增材制造复杂结构受到机械加工可操作性的限制，其零件表面通常具有一定的粗糙度，粗糙度的大小与成形方向及工艺有关，然而零件表面粗糙度对工业 CT 尺

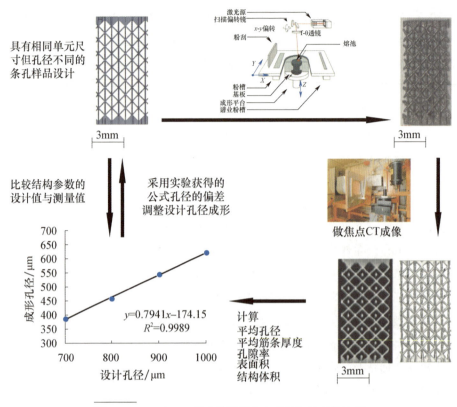

图 5-27 工业 CT 用于增材制造产品几何控制的流程

寸测量精度影响规律尚不明确,因此表征表面粗糙度并降低其对尺寸测量结果的影响,也是当前工业 CT 尺寸测量应用的一个挑战。

1. 工业 CT 尺寸测量极限

工业 CT 检测系统用于结构尺寸检测,一方面基于测量基本单元体素是可经过计量校准的;另一方面物体结构表面成像的灰度分布具有特定的规律,可通过解析方法确定结构表面位置。通常情况,推荐采用半高宽法和最大灰度梯度法确定表面位置。下面通过解析的方法确定工业 CT 系统测量极限。

薄壁结构可视为线状物体沿其法线方向的连续有限分布,设法线方向平行于 x 轴的薄壁壁厚为 x_0,当薄壁结构为均质材料时,其在一维物空间中可表示如下:

$$I_0(x) = \begin{cases} I_L, & -\dfrac{x_0}{2} \leqslant x \leqslant \dfrac{x_0}{2} \\ 0, & x < -\dfrac{x_0}{2} \text{ 或 } x > \dfrac{x_0}{2} \end{cases} \quad (5-1)$$

式中：$I_0(x)$ 为结构在物空间中的强度分布函数；I_L 为材料在物空间中的强度。工业 CT 成像系统是一类典型的线性平移不变系统，如果将该成像系统的线扩散函数写成一维形式，记作 $L(x)$，则 $L(x)$ 表征了 CT 成像系统对线状物体成像的基本特性，任意位置 x_1 处的线状物体 $I_L(x_1)$，经过工业 CT 成像后得到的像函数 $I(x)$ 可表示为。

$$I(x) = I_L(x_1) \cdot L(x - x_1) \quad (5-2)$$

对于厚度为 x_0 且在物空间坐标系中关于 $x=0$ 对称的连续均匀薄壁结构，经过工业 CT 系统成像后，可视为多个线状物体成像的线性叠加，因此其分布可写成如下积分形式：

$$\begin{aligned} I(x) &= \int_{-\infty}^{\infty} I_0(\xi) L(x-\xi) \mathrm{d}\xi \\ &= I_L \cdot \int_{-\frac{x_0}{2}}^{\frac{x_0}{2}} L(x-\xi) \mathrm{d}\xi \end{aligned} \quad (5-3)$$

由于线扩散函数 $L(x)$ 关于 $x=0$ 具有轴对称性的特征，容易得到 $L(x) = L(-x)$，将式(5-3)改写为如下的形式：

$$I(x) = I_L \cdot \int_{-\frac{x_0}{2}}^{\frac{x_0}{2}} L(\xi - x) \mathrm{d}\xi \quad (5-4)$$

令 $\xi - x = \eta$，且再次利用 $L(x)$ 的轴对称性转换积分区间可得到薄壁结构在像空间中的分布函数，表达如下：

$$\begin{aligned} I(x) &= I_L \cdot \int_{-\frac{x_0}{2}-x}^{\frac{x_0}{2}-x} L(\eta) \mathrm{d}\eta \\ &= I_L \cdot \int_{x-\frac{x_0}{2}}^{x+\frac{x_0}{2}} L(\eta) \mathrm{d}\eta \end{aligned} \quad (5-5)$$

由此可以看出，在像空间中任意一点 x 处的像强度 $I(x)$，等于线扩散函数在该位置两侧各一半区间内曲线下方包含的面积。利用式(5-5)对 x 求导可以得到在像空间中的灰度梯度分布，表达如下：

$$I'(x) = I_L \cdot \frac{\mathrm{d}\int_{x-\frac{x_0}{2}}^{x+\frac{x_0}{2}} L(\eta)\mathrm{d}\eta}{\mathrm{d}x} \qquad (5-6)$$

$$= I_L \cdot \left[L\left(x + \frac{x_0}{2}\right) - L\left(x - \frac{x_0}{2}\right) \right]$$

因此，一旦 CT 成像系统的线扩散函数 $L(x)$ 确定，就可以通过计算模拟的方法得到不同厚度薄壁结构经过成像系统后的灰度分布及灰度梯度分布。

薄壁结构尺寸测量是基于结构经成像系统成像后的图像坐标进行测量的，因此在得到薄壁结构成像规律后，还需要确定其边界在像空间中对应的特征位置，以表征其在物空间中的尺寸。为了简化后续讨论，不妨假设 CT 成像系统的线扩展函数 $L(x)$ 为有限展宽，即

$$L(x) \begin{cases} > 0, & -\frac{l_0}{2} \leqslant x \leqslant \frac{l_0}{2} \\ = 0, & x < -\frac{l_0}{2} \text{ 或 } x > \frac{l_0}{2} \end{cases} \qquad (5-7)$$

式中：l_0 为线扩散函数的扩展宽度。对于大多数工业 CT 成像系统，其线扩散函数都能在有限范围内衰减为 0，因此该假设具有普适性。根据式(5-2)，薄壁结构边界处灰度可表示为

$$I\left(-\frac{x_0}{2}\right) = I\left(\frac{x_0}{2}\right) = I_L \cdot \int_0^{x_0} L(\eta)\mathrm{d}\eta \qquad (5-8)$$

此时边界处灰度梯度的绝对值为

$$\left| I'\left(-\frac{x_0}{2}\right) \right| = \left| I'\left(\frac{x_0}{2}\right) \right| = I_L \cdot |L(x_0) - L(0)| \qquad (5-9)$$

对于某一固定的成像系统，线扩展函数 $L(x)$ 的扩展宽度 l_0 为定值。

当 $x_0 \to 0$，半高宽法对应的测量极限可表示为

$$\frac{1}{2} I_{\max} = I_L \cdot \int_0^{\frac{x_0}{2}} L(\eta)\mathrm{d}\eta$$

$$= I_L \cdot L(0) \cdot \frac{x_0}{2} = I_L \cdot \frac{L(0)}{2} \cdot x_0 \qquad (5-10)$$

$$= I_L \cdot \int_{\frac{x_1}{2} - \frac{x_0}{2}}^{\frac{x_1}{2} + \frac{x_0}{2}} L(\eta)\mathrm{d}\eta$$

式中：$L\left(\frac{x_1}{2}\right) = \frac{L(0)}{2}$，即半高宽所在位置对应为灰度值是线扩散函数最大值一半的位置，此时测得壁厚为 x_1。也就是说，随着薄壁结构厚度变小，按照

半高宽法测量的壁厚极限为线扩散函数最大值一半所对应位置的区间长度。

对于最大灰度梯度法，可以采用类似的分析，但由于 $L'\left(x-\dfrac{x_0}{2}\right)=L'\left(x+\dfrac{x_0}{2}\right)$ 无解析解，因此难以判断随着 x_0 的减小，最大灰度梯度法测得的壁厚如何变化。但是同样可以考虑当 $x_0\to 0$ 的极限情况，最大灰度梯度位置处 $\dfrac{\mathrm{d}|I'(x)|}{\mathrm{d}x}=I_\mathrm{L}\cdot L''(x)\cdot x_0=0$，所以最大灰度梯度点 $\dfrac{x_2}{2}$ 满足 $L''\left(\dfrac{x_2}{2}\right)=0$，此时测得的壁厚为 x_2，也就是说，随着薄壁结构厚度变小，按照最大灰度梯度法测量的壁厚极限为线扩散函数曲率为 0 的位置所对应位置的区间长度。

综合上述讨论，可以得到

$$\lim_{x_0\to 0} I(x)=I_\mathrm{L}\cdot x_0\cdot L(x) \qquad (5-11)$$

$$\lim_{x_0\to 0} I'(x)=I_\mathrm{L}\cdot x_0\cdot L'(x) \qquad (5-12)$$

容易看出，随着壁厚逐渐减小，其像的灰度分布趋近于线扩散函数的分布，其像的灰度梯度分布趋近于线扩散函数的梯度分布。因此半高宽法和最大灰度梯度法对于薄壁结构的测量极限，是线扩散函数的半高间距，与最大梯度的间距，任何测量值不会小于该值。由此容易看出，当薄壁结构壁厚尺寸小于该极限时，测量误差随尺寸减小显著增大，该极限值表征了成像系统的最小壁厚测量能力，因此称为可测壁厚尺寸极限。

对厚度经校准的薄壁结构进行工业 CT 扫描成像，选用 GE Phoenix v｜tome｜x 工业 CT 成像系统，在试验过程中选用参数为：管电压为 400kV，管电流为 1500μA，积分时间为 100ms，放大比为 2，探测器一次微动，像素尺寸为 0.1mm，不使用滤波片，探测器通过空气进行校准，试样旋转一周采集 1000 幅图像。选择厚度分别为 4.00mm、3.50mm、3.00mm、2.50mm、2.00mm、1.50mm、1.00mm、0.75mm、0.50mm 的薄壁结构，相同厚度的试样数量为 3 个，其校准厚度偏差小于 ±0.35μm。对于厚度小于 0.50mm 的薄壁结构，则选择厚度分别为 0.40mm、0.30mm、0.20mm 的塞尺进行工业 CT 扫描成像并测量厚度。

对薄壁结构进行工业 CT 扫描成像，结果如图 5-28 所示。

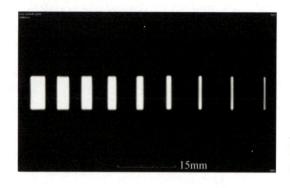

图 5-28 薄壁结构工业 CT 成像

对每个薄壁结构沿壁厚方向做灰度分布分析，不同厚度的薄壁结构灰度分布经幅值归一化后如图 5-29 所示。容易看出，无论是半高宽法还是最大灰度梯度法，对于厚度小于 0.50mm 的薄壁结构灰度分布都接近于厚度为 0.50mm 的薄壁结构。因此 0.50mm 可作为该工业 CT 系统的测量分辨率。

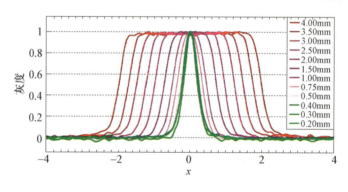

图 5-29 不同厚度薄壁结构图像试验测量灰度分布

2. 工业 CT 图像中结构表面确定方法

在工业 CT 尺寸测量过程中，当 CT 测量坐标系经过校准后，影响测量误差的主要因素就转化为试样表面位置确定的准确性。工业 CT 在成像过程中，结构表面在边扩展函数作用下，呈现有规律的灰度扩展区间，但该扩展区间的灰度分布规律会随试样结构尺寸产生一定变化。

当壁厚 $x_0 \geq l_0$ 时，通过式(5-4)可知，在 $\left(x - \dfrac{x_0}{2}, x + \dfrac{x_0}{2}\right)$ 积分范围内的最大非零区间为 $\left(-\dfrac{l_0}{2}, \dfrac{l_0}{2}\right)$，因此薄壁结构在像空间中的最大灰度可表示为

$$I_{\max} = I_{\text{L}} \cdot \int_{-\frac{l_0}{2}}^{\frac{l_0}{2}} L(\eta) \mathrm{d}\eta \qquad (5-13)$$

此时边界处灰度可计算如下：

$$I\left(-\frac{x_0}{2}\right) = I\left(\frac{x_0}{2}\right) = I_{\text{L}} \cdot \int_0^{\frac{l_0}{2}} L(\eta) \mathrm{d}\eta \qquad (5-14)$$

因此有 $I\left(-\frac{x_0}{2}\right) = I\left(\frac{x_0}{2}\right) = \frac{1}{2} I_{\max}$。而此时边界处灰度梯度绝对值为

$$\left| I'\left(-\frac{x_0}{2}\right) \right| = \left| I'\left(\frac{x_0}{2}\right) \right| = I_{\text{L}} \cdot L(0) \qquad (5-15)$$

由线扩散函数的非负性 $L(x) \geqslant 0$ 可得，对于图像上任意一点的梯度绝对值有 $|I'(x)| \leqslant I_{\text{L}} \cdot L_{\max} - L_{\min}$，由于 $L_{\max} = L(0)$ 且 $L_{\min} = 0$，因此 $|I'(x)| \leqslant I_{\text{L}} \cdot L(0)$，故此时边界处为图像灰度分布的最大梯度位置。

当壁厚 $\frac{l_0}{2} \leqslant x_0 < l_0$ 时，由于壁厚尺寸小于线扩散函数扩展宽度且线扩散函数随着远离坐标原点单调递减，因此在 $\left(x - \frac{x_0}{2}, x + \frac{x_0}{2}\right)$ 积分范围内的最大非零积分区间为中心位置在坐标原点且区间长度为 x_0 的区间 $\left(-\frac{x_0}{2}, \frac{x_0}{2}\right)$。薄壁结构在像空间中的最大灰度可表示为

$$I_{\max} = I_{\text{L}} \cdot \int_{-\frac{x_0}{2}}^{\frac{x_0}{2}} L(\eta) \mathrm{d}\eta < I_{\text{L}} \cdot \int_{-\frac{l_0}{2}}^{\frac{l_0}{2}} L(\eta) \mathrm{d}\eta \qquad (5-16)$$

此时边界处灰度依然为

$$I\left(-\frac{x_0}{2}\right) = I\left(\frac{x_0}{2}\right) = I_{\text{L}} \cdot \int_0^{\frac{l_0}{2}} L(\eta) \mathrm{d}\eta \qquad (5-17)$$

边界处灰度 $I\left(-\frac{x_0}{2}\right) = I\left(\frac{x_0}{2}\right) > \frac{1}{2} I_{\max}$，此时边界处灰度已不是图像最大灰度的 1/2。当 $x > \frac{x_0}{2}$ 时，$I(x) = I_{\text{L}} \cdot \int_{x-\frac{x_0}{2}}^{\frac{l_0}{2}} L(\eta) \mathrm{d}\eta$，容易看出随着 x 增大，灰度逐渐减小，因此如果采用半高宽法进行测量，最大灰度一半所对应的位置 $x > \frac{x_0}{2}$，也就是说采用半高宽法的测量壁厚结果较实际壁厚偏大。

而此时依然有 $L(x_0) = 0$，薄壁结构边界在像空间中的灰度梯度绝对值可表示为

$$\left| I'\left(-\frac{x_0}{2}\right) \right| = \left| I'\left(\frac{x_0}{2}\right) \right| = I_L \cdot |L(x_0) - L(0)| = I_L \cdot L(0) \quad (5-18)$$

对于图像上任意一点梯度同样有 $|I'(x)| \leqslant I_L \cdot (L_{\max} - L_{\min}) = I_L \cdot L(0)$，所以此时薄壁结构边界处仍然为灰度梯度绝对值最大的位置。

当壁厚 $x_0 < \frac{l_0}{2}$ 时，类似地，此时薄壁结构在像空间中的最大灰度可表示为

$$I_{\max} = I_L \cdot \int_{-\frac{x_0}{2}}^{\frac{x_0}{2}} L(\eta) \mathrm{d}\eta \quad (5-19)$$

而薄壁结构边界处灰度为

$$I(x) = I_L \cdot \int_0^{x_0} L(\eta) \mathrm{d}\eta > I_L \cdot \int_0^{\frac{x_0}{2}} L(\eta) \mathrm{d}\eta = \frac{1}{2} I_{\max} \quad (5-20)$$

容易得到，此时边界灰度同样大于最大灰度的 $1/2$。且当 $x > 0$ 时，$L(x)$ 单调递减至 0，由于积分区间长度一定，随着 x 增大，$I(x) = I_L \cdot \int_{x-\frac{x_0}{2}}^{x+\frac{x_0}{2}} L(\eta) \mathrm{d}\eta$ 积分区间向 x 正方向移动，因此当 $x > \frac{x_0}{2}$ 时 $L(x)$ 随 x 单调减。由此可得，如果采用最大灰度的一半进行边界确定，半高宽法所确定的边界位置 $x > \frac{x_0}{2}$，壁厚测量结果较真实壁厚会偏大。

此时边界位置处的灰度梯度值为 $\left| I'\left(-\frac{x_0}{2}\right) \right| = \left| I'\left(\frac{x_0}{2}\right) \right| = I_L \cdot |L(x_0) - L(0)|$，对于图像上任意一点梯度绝对值 $|I'(x)| = I_L \cdot \left| L\left(x + \frac{x_0}{2}\right) - L\left(x - \frac{x_0}{2}\right) \right|$，对 x 求导有

$$\frac{\mathrm{d}|I'(x)|}{\mathrm{d}x} = \begin{cases} I_L \left(L'\left(x + \frac{x_0}{2}\right) - L'\left(x - \frac{x_0}{2}\right) \right), & L\left(x + \frac{x_0}{2}\right) > L\left(x - \frac{x_0}{2}\right) \\ I_L \left(L'\left(x - \frac{x_0}{2}\right) - L'\left(x + \frac{x_0}{2}\right) \right), & L\left(x + \frac{x_0}{2}\right) \leqslant L\left(x - \frac{x_0}{2}\right) \end{cases}$$

$$(5-21)$$

当 $x = \frac{x_0}{2}$，$\frac{\mathrm{d}|I'(x)|}{\mathrm{d}x} = -I_L \cdot L'\left(x + \frac{x_0}{2}\right) \neq 0$，即边界处的灰度梯度不为最大值。灰度梯度最大点 x_g 应满足 $\left. \frac{\mathrm{d}|I'(x)|}{\mathrm{d}x} \right|_{x=x_g} = 0$，因此有 $L'\left(x_g - \frac{x_0}{2}\right) =$

$L'\left(x_g+\dfrac{x_0}{2}\right)$。由于当 $x>0$ 时，$L'(x)$ 先减小再增大，因此 $\dfrac{\mathrm{d}|I'(x)|}{\mathrm{d}x}$ 随着 x 的增大由正减小到 0，再减小到负值，当 $x=\dfrac{x_0}{2}$ 时有 $\dfrac{\mathrm{d}|I'(x)|}{\mathrm{d}x}=-I_L\cdot L'\left(x+\dfrac{x_0}{2}\right)>0$，容易判断梯度最大点 $\dfrac{\mathrm{d}|I'(x)|}{\mathrm{d}x}\bigg|_{x=x_g}=0$ 处 $x_g>\dfrac{x_0}{2}$，此时最大梯度法测得的壁厚值也偏大。

由上述推导可知，当壁厚尺寸 $x_0<l_0$ 时，采用半高宽法表征薄壁结构边界位置开始产生明显偏差；而当 $x_0<\dfrac{l_0}{2}$ 时，采用最大梯度法表征薄壁结构边界位置也开始产生明显偏差。

为了评估不同边界表征方法引入的壁厚测量误差大小，考虑半高宽法，当 $x_0<l_0$ 时，$I_{\max}=I_L\cdot\int_{-\frac{x_0}{2}}^{\frac{x_0}{2}}L(\eta)\mathrm{d}\eta$，半高宽灰度值为 $\dfrac{1}{2}I_{\max}=I_L\cdot\int_0^{\frac{x_0}{2}}L(\eta)\mathrm{d}\eta$，此时边界处灰度 $I_{x_0(2)}=I_L\cdot\int_0^{x_0}L(\eta)\mathrm{d}\eta$，所以 $I_{x_0(2)}-\dfrac{1}{2}I_{\max}=I_L\cdot\int_{\frac{x_0}{2}}^{x_0}L(\eta)\mathrm{d}\eta$。

当 $\dfrac{l_0}{2}\leqslant x_0<l_0$ 时，$I_{x_0(2)}-\dfrac{1}{2}I_{\max}=I_L\cdot\int_{\frac{x_0}{2}}^{\frac{l_0}{2}}L(\eta)\mathrm{d}\eta$，随着薄壁厚度减小，半高宽与实际边界灰度差单调增加。

当 $x_0<\dfrac{l_0}{2}$ 时，$I_{x_0(2)}-\dfrac{1}{2}I_{\max}=I_L\cdot\int_{\frac{x_0}{2}}^{x_0}L(\eta)\mathrm{d}\eta$，随着薄壁厚度减小，虽然被积分函数增大但积分区间减小，因此难以直接判断灰度差的变化趋势。

对于最大灰度梯度法，由于 $L'\left(x-\dfrac{x_0}{2}\right)=L'\left(x+\dfrac{x_0}{2}\right)$ 无解析解，因此难以判断随着 x_0 的减小，最大灰度梯度法测得的壁厚如何变化。因此只能采用仿真的方法进行计算分析。

对不同厚度的薄壁结构进行工业 CT 扫描成像，结果如图 5-30 所示。

为了进一步验证半高宽法和最大灰度梯度法对不同厚度薄壁结构的测量误差，分别通过理论计算及试验测量的图像灰度分布进行尺寸分析，得到的壁厚测量结果如表 5-1 和图 5-31 所示。容易看出对于理论计算的薄壁结构灰度分布，当壁厚尺寸大于线扩散函数扩展宽度时，半高宽法和最大梯度法的测量误差均小于 ±0.01mm，当壁厚尺寸小于线扩散函数扩展宽度但大于壁厚测量极限值时，最大灰度梯度法具有更小的测量误差，当小于壁厚测量极

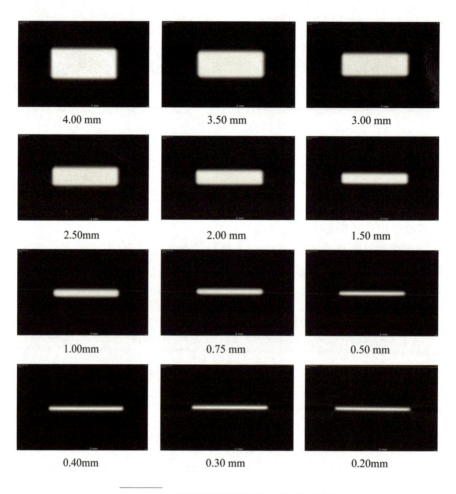

图 5-30 不同厚度薄壁结构工业 CT 成像

限时，测量误差显著增大，随着薄壁结构厚度减小，半高宽法和最大梯度法的壁厚测量值均趋近于壁厚测量极限，这也与上述的解析分析相一致。但对于试验测量的壁厚尺寸，当实际壁厚大于壁厚测量极限值时，半高宽法相比最大灰度梯度法具有更小的测量误差，对于本试验采用的工业 CT 成像系统，半高宽法尺寸测量误差小于 ±0.04mm，最大灰度梯度法尺寸测量误差小于 0.08mm，这主要是由于灰度梯度的计算较灰度极值更为灵敏，因此受系统噪声影响明显。随着薄壁结构尺寸减小至小于壁厚测量极限，半高宽法和最大灰度梯度法尺寸试验测量结果依然呈单调下降的趋势，测量误差显著增大，但此时最大灰度梯度法的测量误差相比半高宽法较小。随着薄壁结构厚度减小，成像调制度下降因此受系统噪声的影响程度大幅增加，采用半高宽法和最大灰度梯度法计算壁厚均会产生严重的误差，因此与理论推导的结果产生较大偏差。对比试验测量结果和理论计算结果发现，当薄壁结构尺寸大于壁厚测量极限时，两者具有较好的一致性，当薄壁结构尺寸小于壁厚测量极限时，理论计算结果趋近于某个固定值。虽然试验测量结果依然能够保持尺寸减小的趋势，但是测量误差逐渐增大。

表 5-1 薄壁结构壁厚图像测量结果　　　　　　　（单位：mm）

序号	标称值	试验结果		仿真结果	
		半高宽法	最大梯度法	半高宽法	最大梯度法
1	4.00	4.00	3.99	4.00	4.00
2	3.50	3.48	3.45	3.50	3.50
3	3.00	2.98	2.96	3.00	3.00
4	2.50	2.48	2.44	2.50	2.50
5	2.00	1.97	1.93	2.00	2.00
6	1.50	1.46	1.42	1.50	1.50
7	1.00	0.96	0.95	1.01	1.00
8	0.75	0.72	0.69	0.77	0.76
9	0.50	0.51	0.46	0.57	0.53
10	0.40	0.48	0.40	0.53	0.49
11	0.30	0.43	0.36	0.49	0.46
12	0.20	0.41	0.34	0.47	0.44

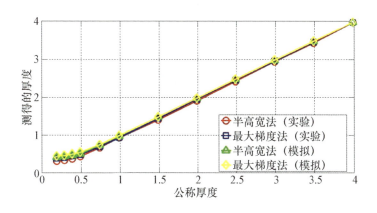

图 5-31　薄壁结构壁厚测量结果对比

综合上述理论推导及试验分析，当结构尺寸大于 0.5mm 时，半高宽法和最大灰度梯度法引入的测量误差均小于 ±0.1mm。当结构尺寸小于 0.5mm 时，半高宽法和最大灰度梯度法引入的测量误差不超过 ±0.3mm。

3. 增材制造制件表面粗糙度对尺寸测量的影响

增材制造表面具有一定粗糙度，粗糙度大小与成形方向及工艺有关，通过 SLM 方式制备立方体试块，如图 5-32 所示。

图 5-32
增材制造制件粗糙表面

通过微纳 CT 对两个方向的粗糙表面进行材料厚度测量，测量结果如图 5-33 所示。粗糙度的存在使得材料尺寸变化最大可达 0.19mm。

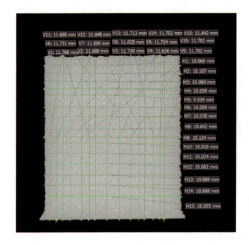

图 5-33
粗糙表面微纳 CT 尺寸测量结果

在工业 CT 成像过程中，由于具有部分体积效应，而表面粗糙度尺寸通常处于工业 CT 图像两个体素尺寸范围内，因此材料表面粗糙度会得到一定程度的平滑，其测量值的波动性远小于粗糙度，如图 5-34 所示。

图 5-34
粗糙表面工业 CT 平滑效果对比

通过工业 CT 测量具有一定粗糙度的增材制造结构，测量值可反映结构尺寸真值的平均，经过与粗糙表面计量值平均比较，误差仅 0.03mm，如表 5-2 所示。因此工业 CT 在进行粗糙表面零件测量时，由于其部分体积效应存在而直接对粗糙表面进行了局部平均值处理。

表 5-2　工业 CT 尺寸测量结果与计量平均值比较　　（单位：mm）

参数	计量 CT 校准		工业 CT 测量	
	水平	垂直	水平	垂直
平均值	10.60	11.685	10.090	11.700
标准差	0.045	0.0465	0.018	0.025
最大值－最小值	0.190	0.169	0.072	0.094

5.3.3　结构形变评价方法

形变是指物体受到外力作用下产生的形状变化。选区熔化复杂精细结构成形过程经历复杂的应力变化，残余应力的存在，可能导致成形件最终结构发生形变而偏离设计的要求。利用工业 CT 对结构进行三维扫描，并将获得的结构表面坐标与设计数模进行比较，可以对结构偏离的位置和偏离的程度进行评价。下面采用人为加载造成结构形变的试验，演示利用工业 CT 评价结构形变的方法。

增材制造制件由于其结构特殊性,三坐标测量机及光学扫描仪仅能测量外表面采样点坐标。为了测量镂空结构形变,需要提取整个镂空结构内外表面坐标,在此基础上,计算表面各点所产生的位移。

为了使样品产生形变且试样具有可重复性,可以通过设计制作可搭载于工业 CT 的原位力学加载装置,如图 5-35 所示。通过变形前的试样作为理论模型轮廓,而通过加载形式模拟具有一定应力状态的形变试样。

图 5-35 原位力学加载装置

利用该原位加载装置,对增材制造制件加载 1kN 作用力,并使用相同的扫描参数分别扫描加载前后试样。工业 CT 扫描参数选择管电压 250kV、管电流 200μA、积分时间 333ms。

不同于尺寸测量始终在同一坐标系进行,形变检测首先要考虑的问题是如何将形变前后零件轮廓转化到同一坐标系中,并基于几何特征进行对齐。为此,需要将工业 CT 扫描形成的灰度图像转化为仅具有坐标信息的几何结构图。

与尺寸测量过程相同的是需要先通过表面确定方法计算表面位置,在此基础上对表面点进行点采样,将 16 位灰度图像信息转化为点云结构,如图 5-36 所示的红色线框。

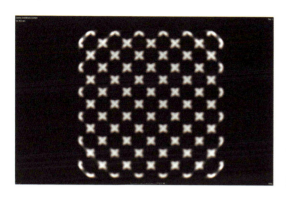

图 5-36 灰度图像转化为结构点云

考虑到表面粗糙度及表面采样点不连续性,需要对点云进行一定程度的缩减,如图 5-37 所示。通过设置大于 0 的点缩减公差值,可减少初始生成点的数量。公差值越大,被排除的点就越多。引入缩短公差值,虽然可能使得创建出的模型的整体尺寸与原始对象略有出入,但是可以极大程度地将结构表面平滑并减少后续对齐计算所需要消耗的时间。在此基础上,将生成的点云连接成三角形网格。

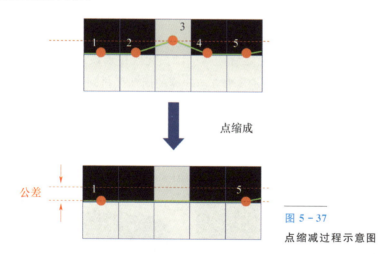

图 5-37 点缩减过程示意图

另外,通过网格简化算法把对齐到同一平面的多个三角形结合成更大的三角形,从而减少三角形网格数量,如图 5-38 所示。类似地,同样可以通过设置公差范围控制三角形网格的简化量。

图 5-38 网格简化示意图

点阵镂空结构表面提取成三角形网格的参数及结果如图 5-39 所示。

图 5-39 表面提取参数及结构三角形网格

在完成灰度图像几何化之后,就可以在此网格形成的几何结构上建立坐标系。由于点阵结构是 XYZ 3 个方向规则的周期性排列,因此很容易通过点阵节点构件平面和直线,借助这些平面和直线,采用 3-2-1 对齐方法将点阵镂空结构放置于点阵坐标系中。平面和直线的拟合都采用最小二乘高斯拟合,采样间距为 0.01mm,迭代次数为 1,搜索距离为 0.04mm,最大角度为 30°,点阵坐标系平面及直线拟合结果如图 5-40 所示。

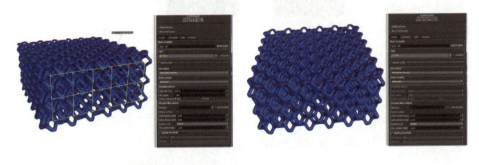

图 5-40 点阵坐标系平面及直线拟合结果

对于建立好坐标系的点阵镂空结构，其 *XOZ* 方向视图如图 5-41 所示，而 *XOY* 方向视图如图 5-42 所示。从图中可以看出，此时点阵镂空结构 *Z* 坐标方向为压应力方向。

图 5-41
点阵镂空结构 *XOZ* 方向视图

图 5-42
点阵镂空结构 *XOY* 方向视图

类似地，将变形后的点阵镂空结构转化为三角形网格后导入上述坐标系中，如图 5-43 所示。可以看出，CT 坐标系和点阵坐标系并不一致。

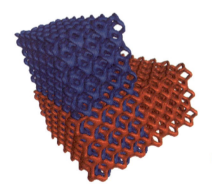

图 5-43
处于同一坐标系的变形前后点阵镂空结构

通过最小二乘高斯拟合将变形后的点阵结构与变形前的点阵结构进行对齐，对齐结果如图 5-44 所示。至此，完成了变形前后点阵镂空结构的对齐，并保证 *XYZ* 轴与点阵周期方向平行。

图 5-44　经对齐操作的变形前后点阵镂空结构

形变可通过两种方式进行表征，一种是相同位置典型结构的尺寸测量，例如 Z 方向点阵周期距离测量，如图 5-45 所示。变形前该位置处周期间距为 5.03mm，而变形后该位置处周期间距为 5.02mm，即在压缩力的作用下使得点阵周期结构产生了 0.01mm 的形变。

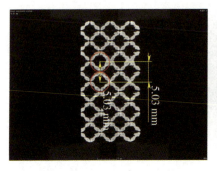

图 5-45　变形前后 Z 方向点阵周期距离

VG Studio 软件还可以测量变形前后点阵镂空结构在三维方向的形变，如图 5-46 所示。其中，颜色表示形变大小，而矢量图表示形变方向。至此完成了点阵镂空结构的形变检测。

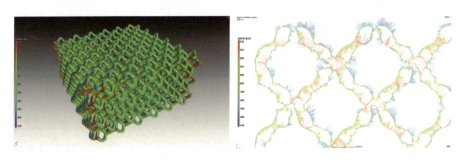

图 5-46　三维形变大小及方向

5.4 激光增材制造材料密度测量技术

5.4.1 概述

增材制造激光熔粉直接沉积工艺提供了一种可能，可以通过调整送粉比例变化所熔覆层的成分，形成成分变化的梯度材料，从而制造出特定功能的材料。常规的密度测量方法通常是破坏性的取样方法，无法对实际成形后材料的密度分布给出一个全面的评价。工业 CT 提供了材料密度无损评价的可能。同时，工业 CT 还可对材料中弥散分布的孔隙造成的密度差进行评价。

由于材料对射线的衰减系数与材料密度正相关，而工业 CT 检测图像中的灰度值正比于材料的射线衰减系数，因此可通过工业 CT 图像灰度测量的方法实现材料密度测量。

5.4.2 材料密度工业 CT 测量方法

1. 工业 CT 检测密度分辨率的影响因素

噪声是影响密度分辨率的关键因素。噪声越小，密度分辨率越高。噪声的大小与积分时间、投影数量、管电流和重建算法有关。增加积分时间、投影数量、管电流和重建像素尺寸，能够降低噪声，从而提高密度分辨率。同时采用滤波片预先滤波能够降低射束硬化和散射线的影响，降低噪声，提高密度分辨率。

2. CT 图像灰度值与材料密度值的关系的建立

增材制造梯度材料密度测量的前提是针对特定的材料建立 CT 图像灰度值与材料密度值的关系曲线，为此，首先要制作与待检对象相同材料和工艺的一系列不同密度的试样，通过试验建立关系曲线。因此，试样的制作是一个关键问题。例如，为了对不同孔隙率造成的密度差进行评价，就需要引入不同孔隙率改变材料密度。然而由于密集孔型缺陷存在，试块在成形过程中极易开裂，且孔隙均匀分布较难控制，因此如何设计制作增材制造对比试块，是需要解决的技术难点之一。

试验采用相邻两层扫描方向顺时针旋转 67° 的 SLM 打印策略制造不同密

度试块,如图 5-47 所示。为防止残余应力导致试样开裂,采用应力退火处理。

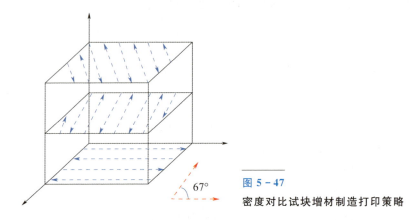

图 5-47 密度对比试块增材制造打印策略

通过控制激光频率单一变量完成不同孔隙率预制。具体参数如表 5-3 所示。对上述试样进行密度测量,测量结果如表 5-4 所示。由表中数据可知,该组试样的密度具有一定的梯度变化,将 6 号试样的密度值作为基准值,计算其他试样相对于 6 号试样的相对密度差,计算值分别为 10.0%、7.5%、5.4%、3.4%、0.45%。使用这组试样,建立 CT 图像灰度值和密度值的关系。

表 5-3 密度对比试块打印参数

试样编号	激光功率/W	扫描速度/(mm/s)	扫描步距/mm	片层厚度/mm	密度差
1	90	1000	0.12	0.03	10.0%
2	98	1000	0.12	0.03	7.5%
3	106	1000	0.12	0.03	5.4%
4	115	1000	0.12	0.03	3.4%
5	140	1000	0.12	0.03	0.45%
6	225	1000	0.12	0.03	—

表 5-4　相同材料试样密度值

试样编号	1	2	3	4	5	6
密度/(g/cm^3)	3.98	4.09	4.18	4.27	4.4	4.42

为验证不同致密度的同种增材制造材料工业 CT 密度测量有效性，采用 450kV 工业 CT 检测进行试验验证。将 6 个密度试样进行 CT 扫描，CT 图像如图 5-48 所示。

图 5-48
相同材料不同密度试样 CT 图像

测定 6 个试样指定区域的灰度平均值，使用该值表征试样的密度。测定范围宜选择试样中间区域，且不大于整个标准试件区域的 1/2 直径范围，在测定范围内划分大小相等、互不重叠的多个方块区域，方块数量为 20 个，且每个方块区域的像素数量为 400 个，具体测定过程如图 5-49 所示。

图 5-49
指定区域灰度平均值计算示意图

计算 6 个试样指定区域的灰度平均值 $\overline{G}$，并计算作为基准的试样 6 指定区域的标准偏差 σ，计算其他 5 个试样相对于基准试样 6 的灰度平均值之差 C，如表 5-5 所示。

表 5-5 不同密度试样灰度平均值

试样编号	1	2	3	4	5	6
密度/(g/cm³)	3.98	4.09	4.18	4.27	4.4	4.42
$\overline{G}$	57484.22	59101.81	59284.2	61560	62846.22	63101.37
3σ	520.5967					
C	5617.147	3999.561	3817.174	1541.366	255.1538	—

由表 5-5 中的数据可知，试样 1、2、3 和 4 分别与基准试样 6 中相同测试区域的平均灰度值的差大于基准试样 6 中测试区域的 3 倍灰度值标准差，则认为试样 1、2、3 和 4 与基准试样 6 的密度差可分辨。另外，试样 5 与基准试样 6 中相同测试区域的平均灰度值的差小于基准试样 6 中测试区域的 3 倍灰度值标准差，则认为两者密度差不可分辨。

为研究试样灰度平均值与试样密度之间的关系，需要将灰度平均值归一化，然后分别使用线性曲线拟合、二次曲线拟合、三次曲线拟合对 6 个试样的平均灰度值和密度进行拟合，如图 5-50 所示。

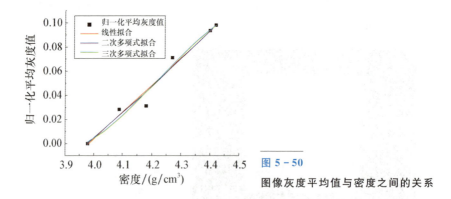

图 5-50 图像灰度平均值与密度之间的关系

由此可以看出，线性拟合、二次曲线拟合和三次曲线拟合对测量数据都具有较小的误差，但线性拟合的误差最小。

另一方面，为研究不同材料致密试样的密度值与 CT 图像灰度值之间的关系，另制作一组不同成分的致密材料，验证工业 CT 灰度值与密度值的关系。表 5-6 所示为该组试样密度测量结果。

表 5-6 不同材料试样密度值

试样编号	1	2	3	4	5
密度值/(g/cm³)	2.66	4.4	8.22	8.26	8.5

将 5 个试样进行 CT 扫描，其 CT 图像如图 5-51 所示。

图 5-51
不同密度致密试样 CT 图像

按照上述的方法，计算 5 个试样指定区域的平均灰度值，如表 5-7 所示。

表 5-7 试样灰度平均值

试样编号	1	2	3	4	6
密度值/(g/cm³)	2.66	4.4	8.22	8.26	8.5
平均灰度值	14236.17	23470.21	52361.59	55598.31	63091.24

使用线性拟合方法拟合 5 个试样的灰度平均值与密度之间的关系，如图 5-52 所示。

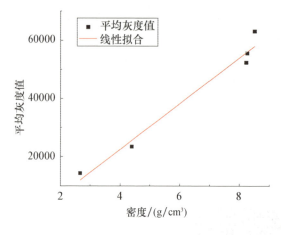

图 5-52 不同材料灰度平均值与密度之间的关系

针对不同材料致密试样，同样可以看出图像灰度平均值与密度具有近似线性的关系。

对不同孔隙率分布的梯度材料试样进行工业 CT 成像，如图 5-53 所示。随着材料密度增大，所对应的图像灰度值也随之增大。材料不同位置的密度差异在图像中具有较为明显的对比度。

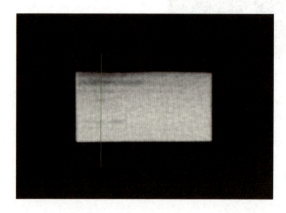

图 5-53 梯度材料试样 CT 成像

通过统计梯度材料试样沿梯度方向不同位置的 CT 图像灰度值变化，如图 5-54 所示。从图中可以看出，材料密度变化在 CT 图像中对应图像灰度的变化。

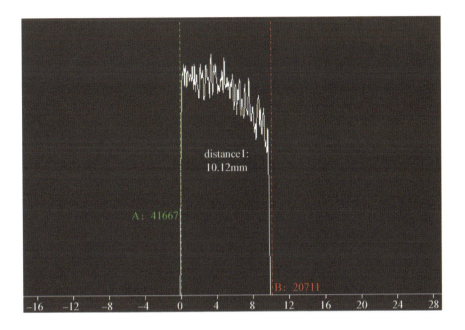

图 5-54 梯度材料试样不同密度 CT 图像灰度分布

参考文献

[1] THOMPSON A, MASKERY I, LEACH R K. X-ray computed tomography for additive manufacturing: a review[J]. Measurement Science & Technology, 2016, 27(7): 072001.

[2] KERCKHOFS G, PYKA G, MOESEN M, et al. High-Resolution Microfocus X-Ray Computed Tomography for 3D Surface Roughness Measurements of Additive Manufactured Porous Materials[J]. Advanced Engineering Materials, 2013, 15(3): 153-158.

[3] PLESSIS A D, ROUX S G L, ELS J, et al. Application of microCT to the non-destructive testing of an additive manufactured titanium component[J]. Case Studies in Nondestructive Testing and Evaluation, 2015, 4: 1-7.

[4] LÉONARD F, TAMMAS-WILLIAMS S, PRANGNELL P, et al. Assessment by X-ray CT of the effects of geometry and build direction on defects in titanium ALM parts[C]. Wels, Austria: Conference on Industrial Computed

Tomography,2012.

[5] SCARLETT N V Y,TYSON P,FRASER D,et al. Synchrotron X – ray CT characterization of titanium parts fabricated by additive manufacturing. Part II. Defects[J]. Journal of Synchrotron Radiation,2016,23(4):1015 – 1023.

[6] BAEL S V,KERCKHOFS G,MOESEN M,et al. Micro – CT – based improvement of geometrical and mechanical controllability of selective laser melted Ti – 6Al – 4V porous structures[J]. Materials Science & Engineering A,2011,528(24):7423 – 7431.

[7] JANSSON A,ZEKAVAT A R,PEJRYD L. Measurement of internal features in additive manufactured components by the use of computed tomography[C]. Gent:International Symposium of Digital Industrial Radiology & Computed Tomography,2016.

第6章 激光超声检测技术在增材制造检测中的应用

6.1 概述

激光超声检测技术是融合激光技术与声学理论的新领域，涉及声学、光学、电子学与材料学等多个学科，是一种新兴的无损检测方法。激光超声检测具有超宽带、多模式、非接触、远距离、适用于各种材料及复杂形状等优点，但同时存在表面粗糙度要求高、易受外界信号干扰、可能破坏材料表面、技术成熟度较低等问题。因此，激光超声检测是现代无损检测技术的一个研究热点[1-3]。

增材制造零件往往具有较为复杂的结构，利用传统超声检测方法容易存在结构盲区，而无法100%覆盖检测。例如，为了满足检测要求而简化结构形状或增加加工余量，又会与增材制造近净成形的特点相矛盾。激光超声作为一种远程非接触的检测方法，一方面可通过光斑轨迹控制在常规超声探头难以达到区域激励出声场，实现复杂结构检测；另一方面，可以在增材制造过程中对成形部分进行原位或在线检测，实现检测过程与制造过程融合，因此，利用激光超声检测增材制造零件的研究近年来得到了广泛的关注[4-6]。

6.2 激光超声检测技术原理

激光超声检测主要包括"激光激励超声波"和"激光超声接收"两大部分。根据激励和接收方式的不同，激光超声检测可大体分为以下3种方式[7-11]。

(1)激光激励-激光接收方式，即利用激光脉冲与试样表面瞬时作用产生超声波，用光学法接收来自被检测材料表面或内部的超声信号。光学接收方式又可分为光学非干涉法(如刀刃法)和光学干涉法(如外差干涉法、差分干涉法等)。这一方式可实现远程非接触检测,激励和接收带宽均较大,信号携带的信息量大。

(2)激光激励-非激光接收方式,即利用激光脉冲激励产生超声波,通过压电换能器或电磁换能器等非光学方式接收超声信号。这一方式接收信号不易受外界干扰,检测可靠性较高。

(3)非激光产生超声波-激光接收方式,利用压电、电磁及其他方式产生超声波,通过激光干涉方法接收超声信号。这一方式激励出的并非严格意义上的激光超声波,但因采用了激光远程接收,可适用于自身产生超声波乃至更宽频应力波样品的振动特性及内部缺陷检测。

激光激励-激光接收的方式最为常见,其结构示意如图6-1所示。

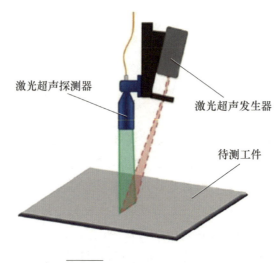

图 6-1 激光超声检测示意图

6.2.1 激光超声的激励机制

根据激光与被测材料的表面是否直接作用,激光超声的激励方式可分为直接方式和间接方式。

直接方式是脉冲激光直接照射被测材料,其所激励超声波的频带和中心频率等特征不仅与激光束的时间或空间分布特性有关,还与材料特性及表面状态有关。间接方式是利用被检材料周围的其他物质作为中介产生超声波,通过介质将振动传入被检材料。

直接方式根据入射激光功率密度值和材料表面条件的不同,分为热弹机制和烧蚀机制;间接方式则包括电子应变法、热栅法等方法[12-15]。

1. 热弹机制

当激光密度功率低于材料表面的损伤阈值(金属材料的损伤阈值一般为 $10MW/cm^2$)时,产生的热能不足以使材料发生熔化,激光一部分能量被材料表面反射,另一部分能量被材料表面吸收引起局部温度的急剧升高,同时材料内部的晶格动能也随之增加,使表面达到几百摄氏度的高温并膨胀,进而产生表面切向应力,同时激发出横波、纵波和表面波。由于激光是脉冲式的,因此材料的热弹性膨胀也是周期性的,即产生了周期变化的脉冲超声波。热弹机制示意图如图 6-2 所示。

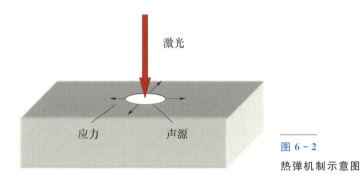

图 6-2
热弹机制示意图

在热弹机制下,材料吸收的激光能量比较低,只会引起材料表层的热膨胀,所以对材料表面没有损伤。热弹机制能够产生多种波形,如横波、纵波和表面波。但是热弹性机制在激发超声波过程中,由于入射激光的能量比较低,光能转化为热能的效率很低,为了提高热弹机制激发超声波的效率,通常采用在材料表面上加涂层以提高材料表面的光吸收率或采用光束的空间调制(即用柱面镜将点光源换成线光源)等方法。

热弹机制激发超声波符合无损检测的特点,没有对材料表面造成损伤,能产生各种波形而且产生的波形较易控制、重复性好,所以在无损检测技术中得到广泛的应用。

2. 烧蚀机制

当入射的激光功率密度大于材料的损伤阈值时,入射激光使材料表面温度急速升高,表面发生熔化、汽化,甚至产生等离子体,并且以较快的速度离开材料表面,对表面产生一个反作用力,从而产生超声波,此机制称为烧蚀机制，其示意图如图 6-3 所示。

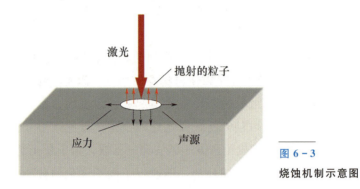

图 6-3
烧蚀机制示意图

烧蚀机制的能量转换效率比较高，可达热弹机制的 4 倍，但会对材料表面产生一定的损伤，烧蚀机制产生的纵波能量较热弹机制高得多，为了产生纵波，多采用该机制。

需要说明的是，在烧蚀过程中，热弹激发机制仍然存在，但是烧蚀激发机制起决定性作用。实际上，热弹机制和烧蚀机制并没有明显的界限，只能说哪个机制起到主要作用，而另一个机制起到的作用较小。

3. 电子应变法

激光脉冲宽度为皮秒级或飞秒级激光，与纳秒级激光相比，最大不同之处是它可以通过电子应变法激发超声。

当高强度、超短脉冲激光照射到半导体时，激光的量子能量足够大，使共价晶体中原子价电子脱离，但电子来不及在极短时间内把能量传输给晶格，使电子和声子在非常短暂的期间失去热平衡，使电子和声子各有不同的温度。由于电子的温度很高，电子将以超声速的速度向周围扩散，通过电子-声子的复合把能量传给晶格使自身的温度冷却下来。在电子以超声速的速度传递期间，电子会对周围的介质产生应力作用，对已经激发的超声波的波形产生影响。

4. 热栅法

使用激光器激发的两束呈交错排列的光脉冲照射材料表面，在表面形成光干涉图（光强峰-谷交替），受照射处的材料表面吸收栅状的光能量，表面因受热而产生超声波，此激发方式称为热栅法。热栅法的优点是可以激发频率可控的超声波。

6.2.2 激光超声的接收方式

激光激发的超声波信号需要用一定的方法进行接收，通常将激光超声接收方法分为电学接收法和光学接收法两类。其中，电学接收法主要利用换能器接收超声信号，常见的换能器有压电陶瓷换能器（PZT）、电容换能器（ESAT）、电磁换能器（EMAT）等。压电陶瓷换能器需要被检试样与探头接触，属于接触式检测；电磁换能器和电容换能器不需要接触被检试样，属于非接触式电学检测。

光学接收法可分为干涉检测法和非干涉检测法。其中，干涉检测法又包括零差干涉、外差干涉等方法。光学检测法接收超声信号可以远距离检测，实现了真正意义上的非接触检测，克服了传统超声检测需要耦合剂的缺点。

1. 电学接收法

（1）压电陶瓷换能器（PTZ）。

压电陶瓷换能器是常规超声无损检测方法中比较常用的一种超声换能器，其主要部分就是压电晶片。压电晶片的形状有薄板形、圆片形、圆管形、方形等。压电晶片的作用是接收和发射超声波，实现声电转换。压电陶瓷换能器中的压电晶片具有压电效应，利用正压电效应和逆压电效应来发射和接收超声波信号。当超声波在被检试样中传播时，遇到缺陷超声波的信号会发生变化，通过探头接收到超声波回波信号，根据超声回波信号的变化来判断缺陷位置、尺寸等信息。

虽然压电陶瓷换能器应用十分广泛，检测灵敏度较高，但是压电陶瓷换能器必须与被检测的试样接触，而且需要耦合剂耦合才能实现检测，无法实现非接触检测。

（2）电容换能器（ESAT）。

针对压电换能器需要与被检试样接触这一不足，设计了电容换能器。电容换能器由两平行板中间隔一层空气隙组成。需要被检试样表面抛光且接地作为一块平行板，另一块平行板施加电压。由于试样因超声传播而振动，改变了两块平板之间的空气间距，使换能器的电容发生相应的改变。通过测量电容变化判断被检试样情况，电容换能器结构示意图如图6-4所示。

电容换能器接收的超声波频带宽，频带特性响应好，缺点是试样表面需要做抛光处理，而且它的维护要求较高（如防潮、防尘等）。

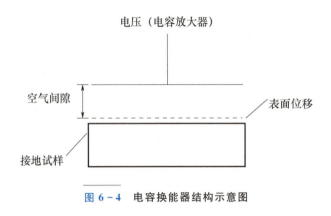

图 6-4 电容换能器结构示意图

(3)电磁换能器(EMAT)。

电磁换能器由高频线圈和磁铁两部分组成。高频线圈用来产生高频激发磁场,永磁铁或电磁铁用来提供外加磁场。当置于试样表面的高频电流流过线圈时,在被检试样表面感生出涡流,由于磁场的作用产生洛伦兹力,从而在力的作用下产生超声波。在接收超声信号时,就是上述过程的逆过程。电磁换能器可以通过改变线圈中电流方向和磁场方向改变接收模式。在接收横波时磁场方向与线圈中的电流方向垂直,在接收纵波时磁场方向与线圈中的电流方向平行。

电磁换能器不需要与被检件接触,无需耦合剂,可在高温环境下进行非接触检测,并且适用于表面粗糙的试样。但其主要适用于铁磁性材料,转换效率比压电换能器低,使用受到一定限制。

2. 光学接收法

光学接收法利用连续激光照射在试样表面,接收表面的反射光,并从反射光的相位、振幅、频率等的变化中还原超声信号。光学接收法又分为干涉接收、非干涉接收、散斑多通道接收等方式[16-20]。

常用的光学干涉接收方法如下。

(1)零差干涉技术。

零差干涉技术基于迈克尔逊干涉仪原理建立。发射激光束经过分束镜(beam splitter)被分为两路光束,一束经过透镜(lens)聚焦在试样表面,被表面反射后经过分束镜进入光电探测器(detector);另一束经过反射镜(reflecting mirror)反射后,进入光电探测器。两路激光束在光电探测器中发生干涉,设试样表面位移为 $u(t)$,其与两束光干涉后的接收光强 I_D 关系如下。

$$I_D = I_L \left\{ R + S + 2\sqrt{RS} \cos\left[\frac{4\pi}{\lambda} u(t) - \phi(t)\right] \right\} \quad (6-1)$$

式中:I_L 为入射激光的光强;R 为参考光束的有效传输系数;S 为检测光束的有效传输系数;$\phi(t)$ 为相位因子;t 为时间。

通过对干涉光的相位解调,可检测出试样的表面振动位移。零差干涉技术的具体原理如图 6-5 所示。

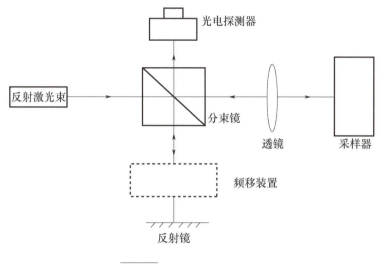

图 6-5 零差干涉技术原理

(2)外差干涉技术。

若在上述参考光束的光路中加入声光调制器(bragg)作为频移装置(frequency shift),使其参考光束产生频移,即构成光外差干涉技术,此时探测器接收到的光强 I_D 为

$$I_D = I_L \left\{ R + S + 2\sqrt{RS} \cos[2\pi f_B t + \phi(t)] + \frac{4\pi u(t)}{\lambda} \sin[2\pi f_B t + \phi(t)] \right\}$$

$$(6-2)$$

式中:I_L 为入射激光的光强;R 为参考光束的有效传输系数;S 为检测光束的有效传输系数;f_B 为声光调制器的频率;$u(t)$ 为试样的表面位移;$\phi(t)$ 为相位因子;λ 为激光的波长。

与零差干涉相比,外差干涉具有较宽的频带,能对粗糙表面进行检测,对环境振动有较强的抗干扰能力,信噪比较高。但是在激光超声的检测中,外差干涉技术探测表面微小振动的灵敏度较低,要与其他技术配合使用,以弥补其不足。

(3)共焦法布里-珀罗(Fabry-Perot)干涉技术。

共焦法布里-珀罗干涉技术基于共焦法布里-珀罗干涉仪(CFPI)的选频功能实现。携带超声波信息的激光束入射到CFPI,在法布里-珀罗腔内多次反射后形成光程差,再通过光电探测器接收该干涉光束,从而检测超声波的传播情况。CFPI只对试样表面的振动速度敏感,对周围环境干扰(如振动等)有很强的抑制能力,并可同时接收多个散射光斑,有较强的聚光能力,适合工业现场对粗糙表面超声振动的探测。CFPI激光超声探测系统结构如图6-6所示。

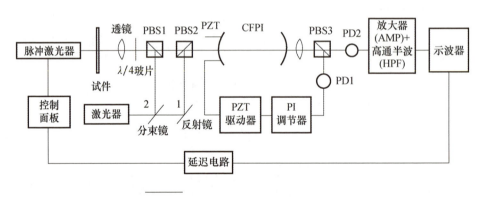

图6-6 CFPI激光超声检测系统结构

激光束经分光镜分光后,光束1经偏振分光镜PBS2全反,透过CFPI再经PBS3全反至光电转换器PDI将光信号转化成电信号,经PI调节器调节校正后送入PZT驱动器功率放大,以驱动PZT筒的伸缩控制CFPI腔长以便稳定工作点。光束2经偏振分光镜PBS1全反到物体表面,其散射光被在物体内传播的超声波引起的多普勒频移所调制,经透镜汇聚后通过$\lambda/4$玻片,由于两次通过$\lambda/4$玻片,其偏振方向旋转$\pi/2$,因此全部透过PBS1和PBS2,再经过CFPI解调后透过PBS3至光电转换器PD2。由于此信号为被解调了的超声信号,经放大和滤波后在示波器上显示。

(4) 相位共轭干涉技术。

相位共轭干涉技术的工作原理是：当检测激光照射到粗糙试样的表面时，反射光的波前由于试样表面散射而畸变，在这畸变的反射波前加一个相位共轭镜（如 $BaTiO_3$ 晶片），经过相位共轭镜反射变成有共轭相位的畸变波前。当这畸变光束再入射到反射区时，畸变的相位得到补偿而"复原"，它与原入射波前发生干涉，就可获得工件表面的振动信息。

(5) 光感生电动势干涉技术。

光感生电动势干涉技术是利用非线性晶体（如 GaAs 晶体），这类晶体可以产生和储存内电场，并且该内电场分布与入射光束的空间强度分布相对应。如果入射光的空间光强分布做横向移动时，非线性晶体内储存的空间电荷场会激发并输出时变的电流信号。通过该非线性晶体生成的干涉条纹图样的移动来检测试样中超声波的振动情况。光感生电动势技术有较高的截止频率，它是一种很有发展前途的检测技术。

各种光学干涉接收技术的特征比较如表 6-1 所示。

表 6-1 各种光学干涉接收技术的特征比较

干涉技术	试样表面要求	特点
零差干涉技术	光滑	对表面位移灵敏，受外界环境振动影响较大，适用于实验室条件下检测
外差干涉技术	光滑	有较宽的频带，能对粗糙表面进行检测，信噪比较高，灵敏度较低，要与其他技术配合使用
共焦法布里-珀罗干涉技术	无严格要求	只对试样表面的振动非常灵敏，受周围环境干扰等影响较小、灵敏度较高，适用于现场使用
相位共轭干涉技术	无严格要求	对低噪声的抑制、结构简单
光感生电动势干涉技术	无严格要求	非线性晶体、灵敏度高、有较高的截止频率

非干涉光学接收法是利用超声波到达试样表面或沿着试样表面传播时，试样表面的形状或反射率的改变，导致反射光的位置或强度发生变化来实现

检测目的的。常见的非干涉法检测有光偏转法和光反射法。

①光偏转法,又称为刀刃法,利用焦距为 F_1 的聚焦透镜 1 将激光束聚焦到受超声扰动的试样表面上,受到扰动的试样表面因受到连续超声波传播产生的波纹或脉冲波的影响发生局部倾斜。如果照射到试样表面上的检测光束直径 D 小于试样中传播的超声波波长 λ 时,由于超声波在试样表面上的超声扰动,使表面的反射光发生一定的偏转。发生偏转的反射光通过焦距为 F_2 的聚焦透镜 2,此时反射光束被分成两部分,一半光经过焦距为 F_3 的透镜 3 聚焦到光电探测器上,另一半光被刀刃挡住。光偏转技术的检测原理如图 6-7 所示。光偏转技术具有结构简单、频带宽等优点,但是该技术的不足之处是对低频信号灵敏度低,并且要求试样表面非常光洁,难以用于粗糙表面的试样,所以限制了该技术在实际中的应用。

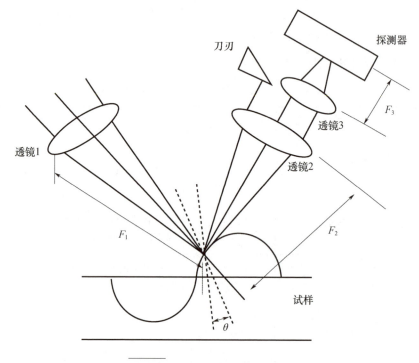

图 6-7 光偏转技术的检测原理

②光反射法,又称为压力反射法。当激光照射到试样表面上时,在试样中传播的超声波产生的应力使表面的光折射率发生细微的变化,这种微小的改变能够使试样的镜面或弥散反射率发生变化,其反射系数的振幅为

$$r_0 = \frac{1}{n+ik_0} - 1 \qquad (6-3)$$

式中：n 为折射系数的实部；k_0 为折射系数的虚部；n 和 k_0 为试样局部应变的函数。

通过检测反射率的变化，可得到脉冲激光在薄膜中产生的超声回波。虽然光折射率的变化很小，但是该技术已经得到了广泛的应用，通过检测这种变化，可以检测皮秒级脉冲激光在薄膜中产生的超声波。

光学散斑多通道接收方法是一种敏感度较低的表面振动光学接收方法，但其对表面质量要求较低，不要求表面达到镜面光洁度，同时多通道接收带来接收角度的增加，允许入射激光与零件表面法向存在5°以内的夹角，在对表面振动探测要求不高的情况下可采用这一方法，其系统结构如图6-8所示。

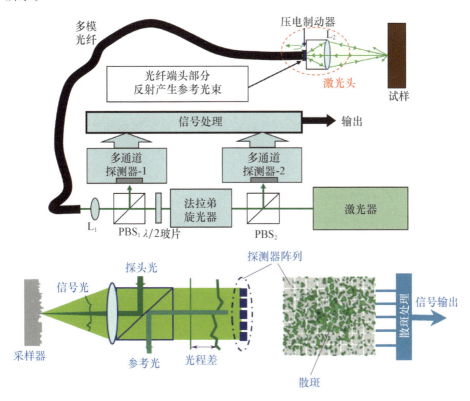

图6-8 光学散斑多通道激光超声接收系统结构

6.2.3 激光超声系统的主要技术难题

激光超声系统的主要技术难题是如何提高其灵敏度，尤其是在被检表面较为粗糙时。解决方法：一是采用更高功率的激光器和有强集光能力的干涉仪，提高实际可利用的激光能量；二是采用信号平均技术，抑制噪声提高信噪比。

另外，目前激励超声的激光源多为高峰值功率的固体调Q激光器，这种激光器一般需要高压电源和冷却系统，不但效率低且体积庞大，使用不便。采用光纤传输高能脉冲激光能够在一定程度上克服上述问题，但光纤传输能力尚有限制。

6.3 增材制造制件的激光超声检测

形状复杂是增材制造制件无损检测的主要难题。一方面，利用激光超声直接检测复杂型面增材制造零件的工作尚未见报道，但利用激光超声对复杂曲面复合材料的检测已有应用案例，可作为激光超声检测复杂增材制造零件的参考；另一方面，激光超声是目前在线检测增材制造制件的重要方法，已经成为研究热点。

6.3.1 激光超声检测复杂曲面制件

图6-9(a)所示为美国PAR公司为洛马定制的Laser UT系统，用于F35战机上曲面复合材料的检测；图6-9(b)所示为美国iPhoton公司为空客定制的iPlus系统，用于波音客机的复合材料检测，使其检测效率提高了4～8倍。法国AMDA公司也为幻影2000战机定制了类似的名为LUIS的激光超声复杂型面检测系统。

上述系统均采用了激励激光和接收激光同轴检测方式，激励激光和接收激光一起被振镜反射，通过振镜的运动实现光斑在零件表面的运动和扫查，接收光斑采用CFPI干涉仪以提高集光能力，使得探测激光的入射光可以与样品法线有一定角度，为曲面扫查提供了基础，并且CFPI干涉仪对零件振动的屏蔽较好，便于工业应用。激光超声检测复杂曲面零件系统结构如图6-10所示。

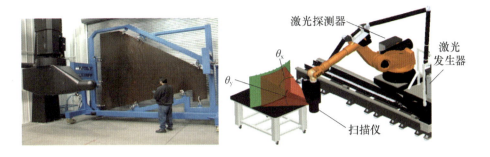

图 6-9　国外大型复杂零件检测用激光超声检测系统

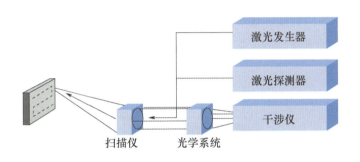

图 6-10　激光超声检测复杂曲面零件系统结构

由于采用了激励与接收同点检测，实现了单侧入射，回波检测，通过后期信号放大和滤波可进一步提高信噪比，典型回波如图 6-11 所示。虽然尚无该方法在增材制造零件检测应用的案例，利用这一思路可以在一定程度上

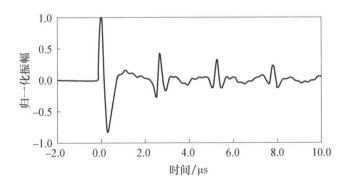

图 6-11　同点激励接收的激光超声典型回波

克服增材制造零件形状复杂的问题,只要保证光路畅通,即可对传统检测探头难以进入的位置实现检测。

6.3.2 激光超声在线检测增材制造制件

增材制造零件因其形状复杂而引起传统检测方法难以实施,但增材制造过程中每一层的形状相对简单,所以将增材制造制件的检测引入到增材制造过程中,成为一种增材制造零件检测的新设想。

早在1999—2001年,美国已利用激光超声在线实时测量钢管壁厚和偏心,实现了自动检测及反馈控制,使生产效率提高了30%,节省检测费用2.34亿美元/年。其设备基本结构如图6-12所示。由于并不要求100%检测,该系统所用激励激光的重复频率要求不高,在1kHz以下[21]。

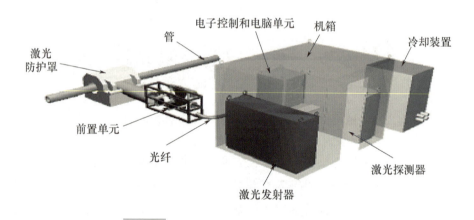

图6-12 激光超声实时测量钢管壁厚和偏心

美国某造纸企业利用激光超声实时检测纸张的弹性常数、弯曲刚度,采用激光激励和激光接收,利用A0模态的兰姆波。激光功率较低以免烧蚀表面。整套设备可在纸张卷取的过程中快速获得检测结果,纸张的卷取速度达到25.4m/s,同时监测结果反馈给制造系统,实现闭环控制。设备结构及照片如图6-13所示。

激光焊接与增材制造过程类似,有报道显示,可以只采用一束连续的接收激光探测激光焊接过程中产生的缺陷。激光焊接中高能的焊接激光束可在母材中激励出极为宽频的声信号(几十千赫兹至千兆赫兹)。试验显示,在焊

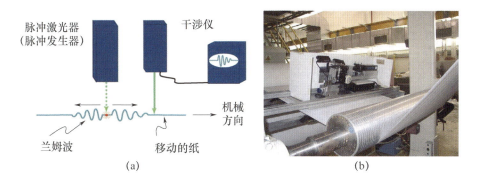

图 6-13 利用激光超声在线检测纸张弹性常数

接开始和结束时,激光探测系统会检测到幅度基本稳定的表面振动,当焊接激光扫过预埋缺陷时,表面振动幅度有明显增加,如图 6-14 所示。

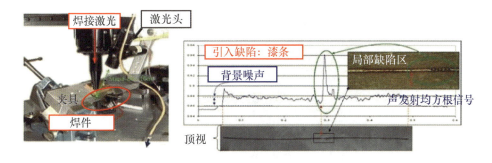

图 6-14 利用激光在线检测激光焊接过程中的缺陷

图 6-15 所示为利用激光超声分别对同一钢试块在 20℃ 和 1000℃ 时进行检测的结果,从图中可以看出,两种温度下的波形基本一致,说明激光超声技术可以应用于高温试件的检测。这也为激光超声在线实时监测增材制造制件提供了可能[22]。

英国焊接研究所最先提出了利用激励+接收两束激光检测增材制造过程的思路。图 6-16 所示为其设备及原理示意图。可以看到其采用脉冲激光激励、连续光纤激光器接收,激励和接收系统置于屏蔽箱中以防止电磁干扰及烟尘污染。整套系统集成在送粉式增材制造设备中,激励激光和接收激光跟随高能激光束移动。由于光路较多,目前该系统在回转体类的零件中应用较多,尚未见其他更复杂形状上应用的报道[23]。

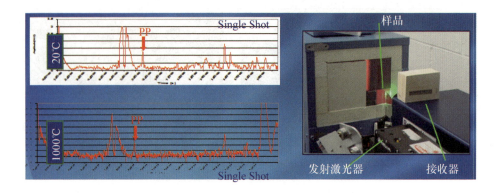

图 6-15 激光超声检测高温金属

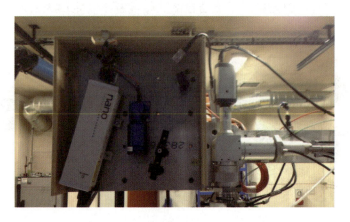

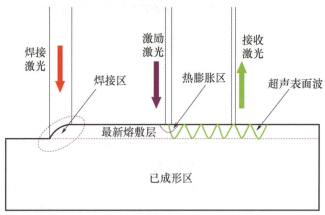

图 6-16 英国焊接研究所激光超声在线检测增材制造零件

参考文献

[1] 谭项林. 激光超声无损检测系统关键技术研究[D]. 北京:国防科学技术大学,2011.

[2] 韩昌佩. 激光超声波检测金属表面缺陷的理论及实验研究[D]. 南京:南京理工大学,2012.

[3] HOYES J B,SHAN Q,DEWHURST R J. A non-contact scanning system for laser ultrasonic defect imaging[J]. Measurement Science & Technology,1991,2(7):628.

[4] 张淑仪. 激光超声与材料无损评价[J]. 应用声学,1992,(04):1-6.

[5] 陈清明,蔡虎,程祖海. 激光超声技术及其在无损检测中的应用[J]. 激光与光电子学进展,2005,(04):53-57.

[6] 曾宪林,徐良法. 激光超声技术及其在无损检测中的应用[J]. 激光与红外,2002,(04):224-227.

[7] 苏琨,任大海. 基于激光超声的微裂纹检测技术的研究[J]. 光学技术,2002,28(6):518-519.

[8] HOYES J B,SHAN Q,DEWHURST R J. A non-contact scanning system for laser ultrasonic defect imaging[J]. Measurement Science & Technology,1991,2(7):628-634.

[9] ROYER D,CHENU C. Experimental and theoretical waveforms of Rayleigh waves generated by a thermoelastic laser line source[J]. Ultrasonics,2000,38(9):891-895.

[10] KROMINE A K,FOMITCHOV P A,KRISHNASWAMY S. Applications of scanning laser source technique for detection of surface-breaking defects[J]. Proceedings of SPIE-The International Society for Optical Engineering,2000,4076:252-259.

[11] CRANE L J,GILCHRIST M D,MILLER J J H. Analysis of Rayleigh-Lamb wave scattering by a crack in an elastic plate[J]. Computational Mechanics,1997,19(6):533-537.

[12] YASHIRO S,TAKATSUBO J,MIYAUCHI H,et al. A novel technique for visualizing ultrasonic waves in general solid media by pulsed laser scan[J]. Ndt

& E International,2008,41(2):137 - 144.

[13] LEE J R,SHIN H J,CHEN C C,et al. Long distance laser ultrasonic propagation imaging system for damage visualization[J]. Optics & Lasers in Engineering,2011, 49(12):1361 - 1371.

[14] CHEN C C,JEONG H M,LEE J R,et al. Composite aircraft debonding visualization by laser ultrasonic scanning excitation and integrated piezoelectric sensing[J]. Structural Control and Health Monitoring,2012,19 (7):605 - 620.

[15] 张伟志,刚铁,王军. 超声波检测计算机模拟和仿真的研究及应用现状[J]. 应用声学,2003,22(3):39 - 44.

[16] 曾荣军. 激光超声表面波检测的实验研究[D]. 南昌:南昌航空大学,2012.

[17] 尹向宝,赵玉华. 激光超声无损检测技术[J]. 现代物理知识,2003,(05): 25 - 27.

[18] 尤政,胡庆英. 用于表面缺陷检测的激光超声技术[J]. 宇航计测技术,1998 (6):43 - 48.

[19] 王嘉宇,管荷兰,陈焱. 激光超声技术及其在材料缺陷检测中的应用[J]. 科技信息,2010,(01):21 - 22.

[20] 刘伟. 基于双波混合干涉的激光超声检测系统的研究与应用[D]. 南昌:南昌航空大学,2010.

[21] RIDGWAY P L,RUSSO R E,LAFOND E F,et al. Laser ultrasonic system for online measurement of elastic properties of paper[J]. Journal of Pulp & Paper Science,2003,29(9):1 - 11.

[22] POUET B,WARTELLE A,BREUGNOT S. Laser - based ultrasonic - emission sensor for in - process monitoring during high - speed laser welding[C]. Talence: the 2nd Symposium on Laser - Ultrasonics,2010.

[23] RUDLIN J CERNIGLIA D,SCAFIDI M,et al. Inspection of Laser Powder Deposited Layers[C]. Prague:The 11th European Conference on Nondestructive Testing,2014.

第 7 章 红外热像检测技术在增材制造检测中的应用

7.1 概述

红外热像检测是基于红外辐射原理,通过扫描、记录或观察被检测工件表面由于缺陷或内部结构不连续所引起的热量向深层传递的差别而导致表面温度场发生变化,从而实现检测工件表面及内部缺陷或分析内部结构的无损检测方法。该技术相对于超声、射线、涡流等传统检测技术而言,是一种发展较晚的无损检测新技术,具有检测速度快、非接触、无污染、检测结果直观、对构件近表面缺陷和特征敏感的特点。

红外热像检测技术分为主动式和被动式,主要依据检测时是否需要人为施加激励来进行分类,需要施加人为激励的方法为主动式方法,反之则为被动式方法。主动式红外热像检测技术采用人工主动的激励方式激励被检测物,使其产生变化的温度场,根据温度场的分布变化分析被检测物的内部信息。被动式红外热像检测技术利用被检测物自身的温度场分布进行检测分析,如电力、电子器件或机械零部件工作时的非正常发热(高温升),或者利用自然条件产生激励进行检测,如阳光照射的周期性、飞机从高空降落到地面的环境温度差等。

国内,电力系统是研究开发与应用红外无损检测技术较早的行业[1]。早在 20 世纪 70 年代初,我国就在电力设备的故障诊断中应用了该项技术。中国石油化工集团公司于 1986 年同时引进了 6 台红外热像仪,分别在下属子公司进行使用。利用这些热像仪分别对大化肥装置热交换器、离心压缩机、铂重整装置冷壁反应器、合成氨装置二段转化炉管、催化裂化反应器、再生器和提升器等设备进行了检测,并取得了很大的经济效益[2]。后来,红外无损检测技术又逐渐应用到电子、建筑、临床医学、航空、航天、文物保护等领域[3]。

从国内外文献来看，红外热像检测技术目前在增材制造中的主要应用是用于制造过程的在线监测，在监测过程中的温度场和特征温度参数的变化，从而实时控制制造的工艺参数，保证制造过程的稳定性。

7.2 红外热像检测技术原理

如前面所述，红外热像检测技术按照有无人为激励可以分为被动式红外热像检测技术和主动式红外热像检测技术。现在有关红外热像检测的研究主要集中在主动式红外热像检测方面。

主动式红外热像检测的激励方式按照激励源的物理特性可以分为光学激励、热激励、振动激励[4]、电磁激励等几大类。光学激励方式常见的有闪光灯激励、卤素灯长脉冲激励、卤素灯调制激励、激光脉冲激励等；热激励方式常见的有热吹风加热、电热毯加热、冷却降温等；振动激励方式常见的是超声激励方式，包括接触式和非接触式；电磁激励主要采用感应线圈对被检测物进行电磁感应激励。

主动式红外热像检测的激励方式按照激励源的信号特征，还可以分为δ函数式激励（如闪光灯激励）、脉冲激励和调制激励。根据激励源的不同，检测工艺和数据与图像处理方法也随之不同，进而演化出各种具体的检测技术，常见的有闪光灯激励红外热像法、光学调制热像法、超声激励红外热像法（又可以分为脉冲式和调制式）、电磁激励红外热像法等。按照数据处理方法的不同，有TSR技术、脉冲相位法、主分量分析法、动态热层析等。

根据国内外研究与应用现状来看，闪光灯激励红外热像法是最为成熟的方法之一，国内外均有很多相关标准发布。该方法可用于金属、非金属、复合材料的缺陷检测和涂层测厚。但是当被检测物具有可见光半透明性或是被检测表面反光时，则检测结果会受到明显影响，此时需要对被检测表面进行喷漆或覆膜处理。

闪光灯激励脉冲热像法，利用闪光灯阵列对被测构件表面进行脉冲加热，使用红外热像仪探测并记录被测制件在闪光灯激励前后的表面温度分布及其变化，并经过数据分析和处理，可获得被测制件内部的缺陷、损伤和非均匀信息。图 7-1 所示为闪光灯激励脉冲热像法原理图，当闪光灯激励被检测表面时，红外热像仪同时记录该表面的温度变化。由于被测试块内部有分层缺陷，造成闪光灯加热后热量在缺陷区域上方积聚，而使得对应表面温度较无缺陷区表面温度更高一些，这些信息被红外热像仪所记录，并将该数据输送到计算机内，通过一定的处理软件处理后，从而得到在该试块内部有缺陷的结论。

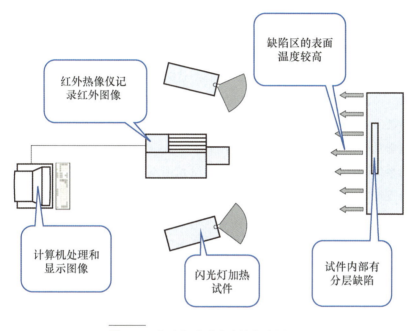

图 7-1　闪光灯激励脉冲热像法原理图

光学调制热像法，主要采用卤素灯进行加热，加热功率被人为调制，对应的数据处理方法随之改变。该方法的主要检测工艺参数比闪光灯激励红外热像法多了一个调制频率。该方法适用范围也很广泛，其检测深度理论上比闪光灯激励红外热像法深一些，但是针对具体检测物的检测工艺参数研究要复杂一些，需要确定调制频率。该方法同样受到被检测物表面的影响。

超声激励红外热像法，利用超声激励使得被检测物的微裂纹在振动过程中发生摩擦，将一部分机械能转化为热能，使其对应区域的表面温度出现明显差异。该方法对接触表面有一定的损伤，不能用于涂层脱粘缺陷的检测，并且在裂纹定量评价方面尚不成熟，工程应用受到制约。

电磁激励红外热像法又称为感应激励红外热像法，是一种比较新的检测技术，也是当前的研究热点之一。该方法的主要研究与应用对象是铁磁性材料的裂纹检测。其原理是：利用高频磁场在被检测物表面产生感应电流，被测表面若有裂纹存在，则产生更多的热量，从而使得对应区域的表面温度出现异常[5]。

7.3 红外热像检测技术在增材制造在线控制中的应用

在线监测的主要目的是保证或提高制造过程的工艺稳定性，从而保证成形质量。监测的参数有熔池形貌（熔覆宽度与高度）和熔池温度。可以控制的工艺参数有送丝速度（或送粉速度）、激光功率、焊枪行走速度等，其中激光功率是常见的被控参数之一。监测手段有：以 CCD 视觉成像为基础的熔池形貌监测系统、基于激光三角测量原理的激光视觉系统、接触式或非接触式温度测量系统等。

下面以激光增材制造的在线控制为例，对制造过程中在线监测红外技术进行介绍。在激光增材制造过程中，熔池温度稳定性是表征加工质量的一个重要指标。熔池温度对沉积层几何精度、孔隙率与稀释率、成形件显微组织都有重要影响。在恒定的激光功率下，因为热积累导致熔池温度升高，进而导致沉积层的单道宽度在竖直方向和水平方向上都会增大，产生不一致的沉积层。如果熔池温度过低，熔池就不能充分熔化粉末，易造成气孔缺陷。如果熔池温度过高，就会造成过大的稀释率。而且通过控制熔池温度能够有效地减少硬脆相的产生[6]。可见，在线实时调整工艺参数以达到控制熔池温度稳定的闭环控制系统，对保持加工质量的稳定，具有十分重要的价值。

目前对熔池温度进行监测的手段主要有接触式测温和非接触式测温两类方法。接触式测温主要采用热电偶、热电阻测温的方法。接触式测温传感器成本低，测量温度更为准确，但存在无法对熔池温度进行直接测量的缺点和响应速度慢的缺点。非接触式测温方式有红外温度测温计、红外热像仪等。红外温度测温计又分为单色测温仪和比色测温仪。使用单色测温仪测温时，被测对象尺寸需超过测温仪视场的 50% 以上。如果被测对象尺寸小于测温仪视场就会导致周围环境辐射进入测温仪的视场，造成测量的误差。比色测温仪则通过接受被测对象发射的两个互不影响的波长带的辐射能量的比值来确定被测对象的温度。因此，即便被测对象目标小或测量通路存在诸如烟雾、尘埃等干扰时，比色高温计都能准确地测量温度。在实际测量中物体的发射率随温度变化带来的变化量很小，主要是受波长变化的影响，因此在测量同一种类的物体时，采用比色法测量可以得到较好的测量结果[6]。

目前闭环控制方法是国内外广泛关注的一类方法。有学者将温度作为监测量进行控制，还有人将熔池形貌和熔池温度同时作为监测量进行反馈控制。国外研究人员多采用 Coms 相机作为成像系统的核心部件，也有采用 CCD 相机和光谱仪的案例，但是工作频段多为可见光和近红外波段，基本都在380～1100nm 的范围内。对于具体的控制算法，国内学者也进行了研究，提出了一些有效控制算法，如 PID 控制、广义预测控制和模糊逻辑控制等，但是与实际工程应用成功相结合的还很少。

为了监测激光熔覆成形中熔池表面温度场，合肥工业大学的袁钰函等搭建了同轴测温实验平台[7]，实物图如图 7-2 所示，该实验平台主要由以下 5 个部分组成。

（1）激光熔覆成形系统：主要包括 LASERLINELDF 6000-100 半导体激光器、KUKA KR 30 HA 6 轴联动机械手臂、GTV PF22MFP 型同轴送粉器、PH-LW190-TH2P 激光冷水机等设备。

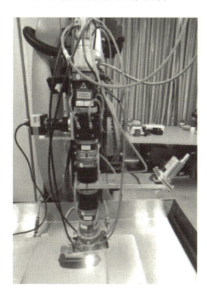

图 7-2

同轴测温系统的实物图

（2）CCD 比色测温系统：主要有 WP－US140 彩色 CCD、LM100JC 2/3 100mm/F2.8 镜头、半透半反镜、460 和 616 窄带双通滤波片等组成。

（3）红外测温系统：主要有 SA－D 70260A 红外测温仪、LP980 滤波片、JY－DAM0A02 数据采集卡和数据采集软件等组成。

（4）辅助设备：AVS－DESKTOP－USB2 光谱仪和 NM－HTL3000 黑体炉。

（5）试验材料：XF－316－102 金属粉末、30cm×30cm×1cm 的 45 号钢板、高纯氮气。

试验采取的技术措施有：定制了带宽更窄的三通和双通滤波片；在红外测温仪上加装 LP980 的滤波片，可去除激光波长（950nm±20nm）对红外测温仪工作波段（950～1050nm）的影响；由于不同波段处物体的辐射强度差异较大，将 CCD 器件响应系数设置为 1.61。

得出的结论有：搭建的彩色 CCD 同轴测温系统可以得到清晰、稳定、准确的熔池表面温度场。红外测温系统可以得到熔池表面部分区域的准确温度，由其所得温度分布证实了基于 CCD 比色测温得到的熔池表面温度场是准确可靠的。

重庆大学的朱进前等利用红外热像技术对真空环境下激光熔丝增材制造单道成形的热过程进行监测[8]。比较分析送丝速度对温度场、热循环、冷却速率的影响规律，利用红外热分析对其成形熔覆道宽度及缺陷开展了研究。

试验基板为 Ti6－Al－4V 钛合金，焊丝为 ER5356 铝合金，其中基板尺寸为 150mm×80mm×10mm，焊丝直径为 0.4mm。试验系统包括真空系统、激光系统、送丝系统、温度监测系统等，如图 7－3 所示。真空系统采用机械泵抽真空。激光系统采用 CLM 光纤激光器，波长为 1080nm，最大输出功率为 200W，光斑直径为 800μm。送丝系统采用拉丝式送丝。温度监测系统为 FLIRA655sc 红外热像仪，波长为 7.5～14μm，分辨率为 640 像素×480 像素，帧频为 50Hz，测温区间为－40～2000℃。试验中采用热电偶和红外热像仪同时对某处温度进行测量，通过改变发射率使红外热像监测温度同热电偶测得温度保持一致，进而实现发射率标定。

本研究中温度监测系统只是用来监测温度及其变化规律的，并没有形成反馈和调节，通过红外分析对缺陷进行分析和定位。得到的结论有：①沿熔覆道成形长度方向，监测点对应最高温度和冷却速率呈现升高和降低趋势；

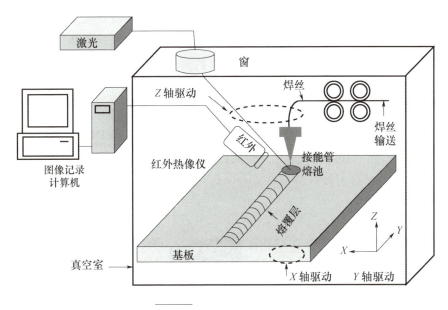

图 7-3 红外在线试验系统

②随着送丝速度的增加,焊丝熔覆量增加,导致冷却速率随之减小;③借助红外热分析可实现对熔覆道宽度预测及缺陷位置的定位。

L. Song[9]等对熔覆高度进行了研究,开发了基于 CCD 相机和双色高温多信号处理控制器。主要通过高度控制,辅助控制熔池温度的方式进行控制,当熔池高度高于预设高度时,温度控制器激活高度控制器进行控制,改变激光功率,实现了高度恒定在线控制。

德国慕尼黑大学奥格斯堡 IWB 应用中心的增材制造实验室 H. Krauss[10]利用红外测温技术开发出智能分层监控系统测量温度分布,从而用来判断加工过程的稳定性和加工部位的质量。

日本日立研究实验室的 M. Miyagi[11]等在激光金属沉积成形工艺中根据在线检测的熔池热辐射强度值对激光功率进行自适应 PID 比例积分微分控制,提高了制件的尺寸精度。

美国密苏里科技大学的 L. Tang[12]等以在线测量的成形高度、熔池温度和上一层送粉速度作为输入数据,对当前层所需的送粉速度进行闭环反馈控制。

此外有学者将红外热像技术用于激光熔覆后试件表面质量的无损检测。

新疆大学的郭峰等采用红外无损检测技术，通过检测温度变化速率进行激光熔覆零件表面质量直观评价，设计实验模型对实验得到的红外热序图进行图像处理，利用试件上横向和纵向不同位置的温度分布进行表面平整度定性分析，从而得到定性定量分析激光熔覆后试件表面质量的评价方法[13]。

具体采用的检测方案如图7-4所示，使用热风作为激励方式，具体执行部件是1200W的热风机。采用的红外热像仪是美国FLIR的红外热像仪Therma Vision A40M。利用红外热像仪对加热过程和冷却过程进行监测，然后使用FLIR的分析软件分析选取点的温度及变化率，发现异常点，进而对焊接质量进行评价。

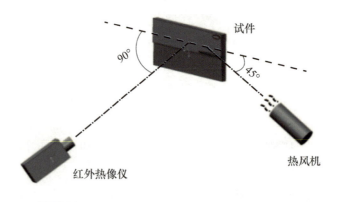

图7-4　焊接红外检测激光熔覆零件表面质量系统

该项研究得到的结论有：①通过热像仪观察温度升高和下降的速率可以直观分析在试件存在缺陷的位置和形式；②通过横向和纵向温度变化趋势得出熔覆后试件表面平整度情况，并指出熔覆工艺中的缺陷原因；③通过对试件某一时刻的热序图进行图像处理，可得出熔覆质量不合格的区域占总熔覆面积的百分比，从而定量评价熔覆质量。

参考文献

[1] 梅林,张广明,王裕文. 红外热成像无损检测技术及其应用现状[J]. 无损检测, 1999,21(10):466-468.

[2] 李晓刚,付冬梅. 红外热像检测技术在石化工业中的应用[J]. 激光与红外, 2000,30(5):265-268.

[3] 陈衡.我国红外诊断技术的现状与展望[J].激光与红外,1998,28(5):292-296.

[4] 管和清,郭兴旺,马丰年.铝合金梁裂纹振动红外热像检测的数值模拟[J].无损检测,2016,38(9):1-5.

[5] 李托雅,田裕鹏,王平,等.感应激励红外热像无损检测及其在裂纹检测中的应用[J].无损检测,2014,36(1):15-18.

[6] 叶进余.基于数据驱动的激光增材制造熔池温度预测控制[D].长沙:湖南大学,2016.

[7] 袁钰函,杨启,闫昭华,等.激光熔覆成形中熔池表面温度场的检测与研究[J].激光与红外,2018,48(8):985-992.

[8] 朱进前,凌泽民,杜发瑞,等.激光熔丝增材制造温度场的红外热像监测[J].红外与激光工程,2018,47(6):0604002.

[9] SONG L,BAGAVATH-SINGH V,DUTTA B,et al. Control of Melt Pool Temperature and Deposition Height During Direct Metal Deposition Process[J]. International Journal of Advanced Manufacturing Technology,2012,58(1):247-256.

[10] KRAUSS H,ZEUGNER T,ZAEH M F. Thermographic process monitoring in powderbed based additive manufacturing:AIP Conference Proceedings[C]. Boise,Idaho:American Institute of Physics,2015.

[11] MIYAGI M,TSUKAMOTO T,KAWANAKA H. Adaptive shape control oflaser-deposited metal structures by adjusting weld pool size[J]. Journal of Laser Applications,2014,26(3):032003.

[12] TANG L,LANDERS R G. Layer-to-layer height control for laser metaldeposition process[J].Journal of Manufacturing Science and Engineering,2011,133(2):021009.

[13] 郭峰,孙文磊,王恪典.基于红外无损检测的激光熔覆零件表面质量评价方法[J].组合机床与自动化加工技术,2018(12):137-141.

第 8 章　增材制造制件残余应力的检测

8.1　概述

增材制造是一个局部快速加热及冷却的过程,温度循环带来的各位置体积变化的不均匀是造成残余应力的主要原因,并且随着增材制造过程的进行,残余应力不断重新平衡,使得整体残余应力处于动态演化过程中。增材制造制件残余应力的存在会使其外形变化超差甚至开裂,对残余应力的控制是增材制造工艺策略规划的关键,而残余应力的检测是对其进行控制的基础。

8.2　残余应力无损检测的主要方法

残余应力的检测是一个长期存在的问题,目前尚无公认的最佳方法。各种方法因其测量原理及范围的不同而难以进行准确的验证。通常残余应力的检测方法可分为有损法和无损法,其中有损法主要利用材料破坏后的变形反算其破坏前的应力状态,主要包括小孔法、环芯法、轮廓法、裂纹柔度法等。这些方法的理论较为成熟,测量方法对材料的预设条件较少,可作为无损法的参照,但其仅能测量破坏面附近的应力,尚无评价全局应力的方法,且破坏性是其主要局限。残余应力无损检测方法能够在破坏前检测应力,但也存在测量范围、测量准确度等方面的局限。各种残余应力无损检测方法详述如下。

8.2.1　X 射线衍射法

X 射线衍射法是一种公认的较为成熟的残余应力测量方法,其残余应力的定量表征得到了人们的认同。根据布拉格关系式($2d\sin\theta = n\lambda$),特定波长的 X 射线对于晶面间距为 d 的材料,在某一个角度 θ 上发生衍射,出现衍射峰。从而可以测量晶面间距的微小变化，进而确定弹性应变、获得残余应力值。根据衍射峰与标准峰的偏差可判断Ⅰ型和Ⅱ型残余应力，根据衍射峰的宽化可以测量Ⅱ型和Ⅲ型残余应力。由于常规 X 射线应力仪发射的 X 射线穿透性一般，因此仅能用于薄膜或材料表面残余应力的检测，测量深度约几十到上百微米。射线衍射的基本原理图如图 8-1 所示。

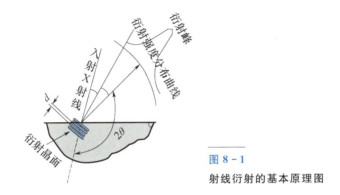

图 8-1

射线衍射的基本原理图

短波 X 射线技术利用重金属靶发射高穿透能力的短波长 X 射线，可以穿透 40mm 的铝合金材料，是一种新型的 X 射线应力测量方法。目前，这一方法受到了人们的广泛关注。

8.2.2 中子衍射法

与 X 射线衍射相似，当中子的能量较低时，其波长接近于晶体的原子间距，因此低能单色中子与晶体相互作用时，在满足相干条件下会产生衍射，相干条件用布拉格公式表示为

$$d_{hkl} = \frac{n\lambda}{2\sin\theta_{hkl}}$$

式中：hkl 为产生衍射的晶面的米勒指数；d_{hkl} 为 (hkl) 晶面的面间距，θ_{hkl} 为相应的布拉格角。在衍射方向上，中子的强度与晶体中原子的位置、排列方式及原子的散射振幅有关，因此能根据衍射峰出现的位置和峰的积分强度来研究物质的结构。中子束的穿透能力是 X 射线的 1000 倍，可以测量材料内部的残余应力。

利用中子衍射获得的板材焊缝中纵向应力分布如图 8-2 所示。

ISO 在 2005 年发布了《中子衍射测定残余应力的标准试验方法》，我国也于 2010 年发布了相应的标准，同年，我国第一台无损中子衍射残余应力测量

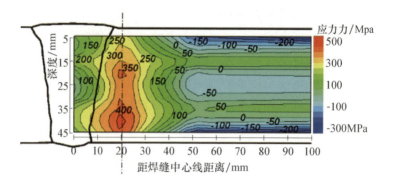

图8-2 利用中子衍射获得的板材焊缝纵向应力分布

谱仪在中国原子能科学研究院建成。此前,美国、德国、英国已经率先采用中子衍射方法测量材料内部的应力,很多发达国家的大型实验室已经装备了中子衍射设备。例如,拥有全球最顶尖仪器的美国橡树岭国家实验室甚至有一台中子残余应力绘图设备(NRSF2),美国标准技术国家研究院(NIST)有一台BT8残余应力衍射仪;丹麦的RISO、荷兰的HCR-ECN Petten、法国Saclay的朗·布里渊试验室(LLB)、法国格勒诺波尔(Grenoble)劳厄·兰格(Laue-Langevin)研究所(ILL)、英国的ISIS卢瑟福-阿普尔顿试验室、捷克物理研究所(NPI)、德国柏林HMI的中子衍射仪、匈牙利的布达佩斯等地区的实验室也能够进行中子衍射试验。图8-3所示为日本原子能(代理)机构(JAEA)的中子衍射仪。

 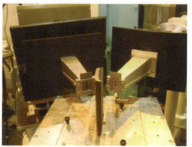

图8-3 日本原子能(代理)机构(JAEA)的中子衍射仪

但是,利用中子衍射法测量残余应力的成本很高,同时目前能测量的样品尺寸有限。

8.2.3 磁测法

磁测法是由于铁磁性材料畴壁不可逆移动而发生跃变磁化现象而产生的。测量的磁感应强度对材料的微观结构、晶粒度、缺陷及应力状态等因素敏感,若其他因素不变,试样受拉应力越大,磁场信号的强度越高,受压应力越大,信号强度越低。因此,磁测法可用于能够建立磁场的构件整体残余应力检测,其校准方便,检测速度快,与 X 射线法比较,二者的检测结果有很好的相关性。但材料差异对测量的影响不容小视。磁测法应力测量装置和标定方法如图 8-4 所示。

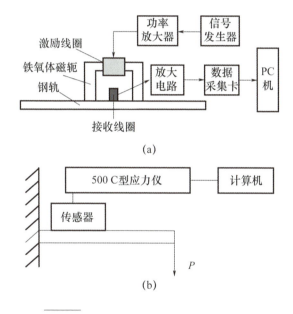

图 8-4 磁测法应力测量装置和标定方法
(a)磁测法应力测量装置;(b)标定方法。

8.2.4 超声检测法

超声测量残余应力的基础是声弹性效应,即材料中的应力会影响超声波的传播速度,压应力使波速增加,拉应力使波速降低,利用这一原理可以测量构件整体的残余应力。该方法具有简单轻便、方向性好、穿透性好、安全等优点,在工业生产、科学研究等方面均有十分广阔的前景。

此外，还有"电子散斑干涉法""金属磁记忆法"等无损检测残余应力的方法。2013 年国际残余应力大会残余应力测量各方法的分辨力和检测深度，如图 8-5 所示。

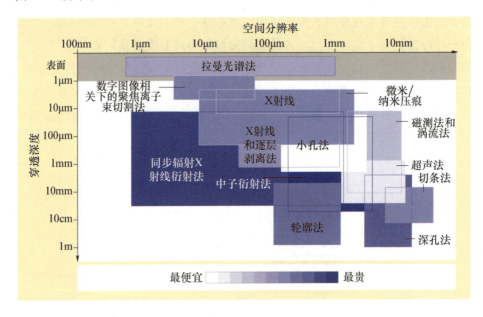

图 8-5　各种残余应力测试方法的分辨力、检测深度及检测成本

8.3　增材制造制件的残余应力检测方法

关于增材制造制件残余应力检测的报道不仅涉及上述多种有损及无损方法，还包括变形检测、有限元应力模拟等。近年来美国标准技术国家研究院 NIST、洛斯·阿拉莫斯国家试验室（LANL）开展了不锈钢、高温合金、钛合金等多种金属增材制造应力的中子衍射检测，取得了很多研究成果。

8.3.1　通过测量应变检测应力

由于增材制造制件的结构复杂性及残余应力检测的难度，采用变形监测替代具体应力值的测量是一条快速工程化应用的方法。美国 Marshall 太空战中心（MSFC）采用结构光（白光或激光）对 SLM 制造的制件外轮廓进行检测，以便保证其外观尺寸，如图 8-6 所示。

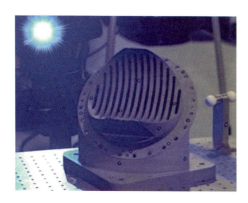

图 8-6

利用结构光监测 SLM 制造的制件的外轮廓

8.3.2 有限元模拟计算残余应力

印度海德拉巴（Hyderabad）技术研究所进行了电弧增材制造过程残余应力的有限元模拟。模拟了不同铺层及同一铺层不同熔覆方式时的 Mises 应力，如图 8-7 所示。

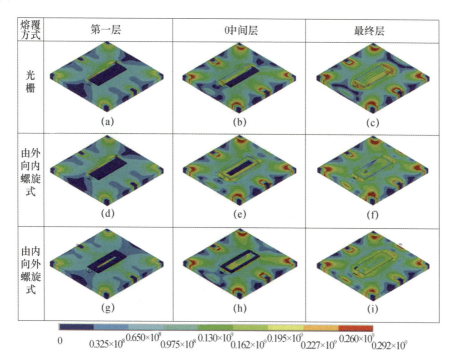

图 8-7 电弧增材制造过程残余应力有限元模拟

美国芝加哥大学采用有限元方法模拟了 Ti-6Al-4V 材料在电子束增材制造中残余应力演化情况,如图 8-8 所示,获得了全局三向残余应力场,并利用中子衍射进行了验证,如图 8-9 所示。

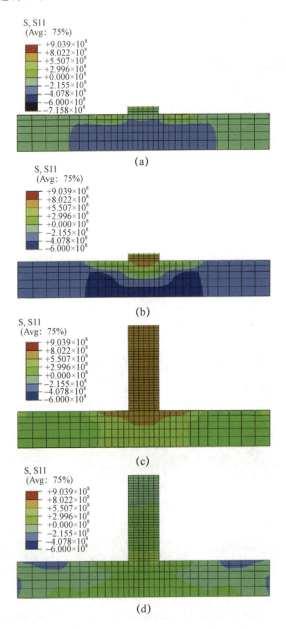

图 8-8　Ti-6Al-4V 在电子束增材制造过程中的残余应力模拟结果

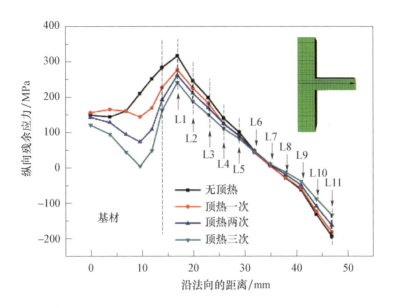

图 8-9 电子束增材制造 Ti-6Al-4V 中纵向残余应力中子衍射结果

8.3.3 钻孔法测量增材制造制件残余应力

意大利都灵理工大学采用钻孔应力仪可获得 SLM 制造的 AlSi10Mg 铝合金制件残余应力沿深度方向的变化,并研究了去应力退火前后残余应力的变化,如图 8-10 和图 8-11 所示。

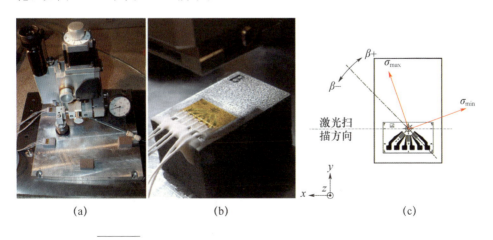

图 8-10 钻孔法测量 SLM 制造的 AlSi10Mg 合金残余应力

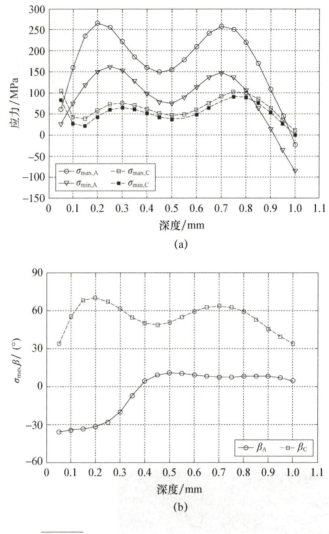

图 8-11 去应力退火前后钻孔法测得的应力变化

(a)退火前；(b)退火后。

8.3.4 X射线衍射检测增材制造制件的残余应力

美国 Alabama 大学采用 X 射线衍射的方法对 SLM 制造的 Inconel 718 合金和电子束增材制造(EBAM)的 Ti-6Al-4V 材料的残余应力进行了检测。通过 X 射线的不同入射角度获得不同平面上的残余应力，如图 8-12 和图 8-13 所示。

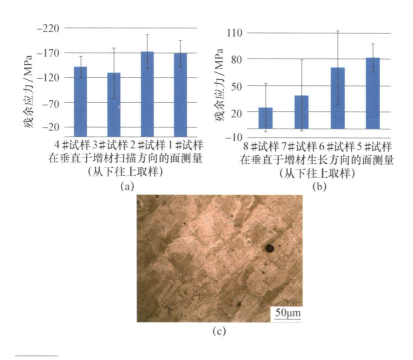

图 8-12　SLM 的 Inconel 718 合金残余应力 X 射线衍射检测结果及微观组织

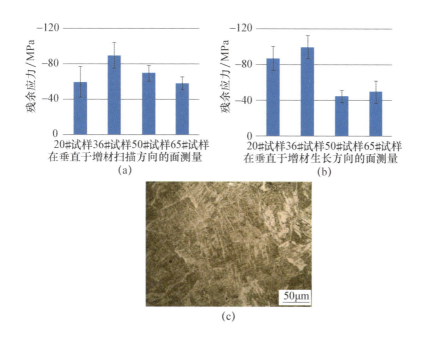

图 8-13　EBAM 的 Ti-6Al-4V 残余应力 X 射线衍射检测结果及微观组织

8.3.5 轮廓法检测增材制造制件残余应力

有报道显示采用轮廓法获得带有电子束焊缝的钛合金典型截面上的残余应力分布图,如图 8-14 所示。

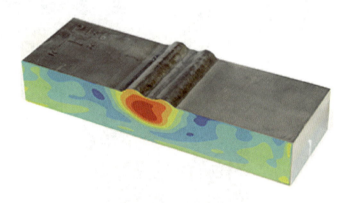

图 8-14 带有电子束焊缝的钛合金截面的应力的轮廓法检测结果

在此基础上,英国 Cranfield 大学利用轮廓法对电弧沉积增材(WAAM)的钛合金(Ti-6Al-4V)在去应力轧制前后的残余应力进行了测量,结果如图 8-15 所示。并对去应力前的试样进行了中子衍射应力测量,以便作为对比,结果如图 8-16 所示。

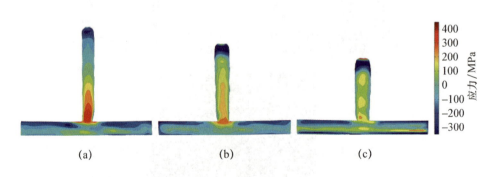

图 8-15 去应力轧制前后电弧沉积钛合金残余应力的轮廓法检测结果
(a)轧制前;(b)50kN;(c)75kN。

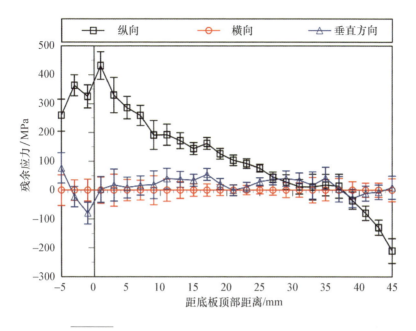

图 8-16 去应力前试样三方向残余应力中子衍射结果

8.3.6 中子衍射检测增材制造制件残余应力

美国标准技术国家研究院 NIST、洛斯·阿拉莫斯国家试验室(LANL)、NASA 兰利(Langley)研究中心等中子衍射研究的领先机构,采用中子衍射测量了 Inconel625 高温合金、SS17-4PH 不锈钢、2219-T8 铝合金增材制造制件的残余应力。

由于中子束只能直线传播,残余应力检测试验也只能在形状较为规则的试样上进行,如图 8-17 所示。

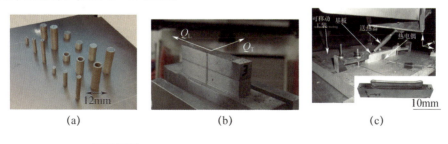

图 8-17 高温合金、不锈钢和铝合金中子衍射试样

在测试时中子束与样品的相对位置如图 8-18 所示。

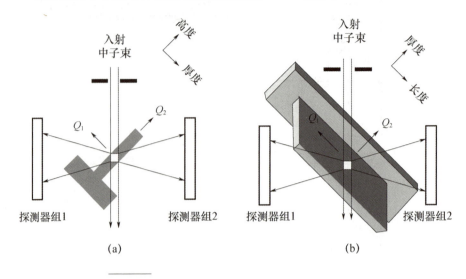

图 8-18　残余应力检测时中子束与样品相对位置

高温合金试样沿不同深度的三向残余应力中子衍射结果如图 8-19 所示。

铺层之间无延时和 40s 延时两种情况下不锈钢试样中心截面处的单向残余应力中子衍射结果，如图 8-20 所示。

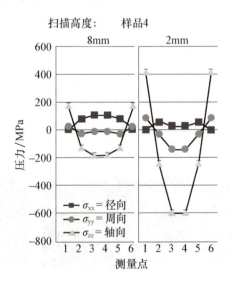

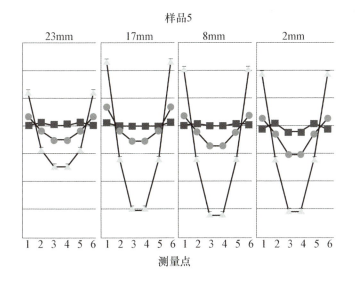

图 8-19 高温合金残余应力中子衍射结果

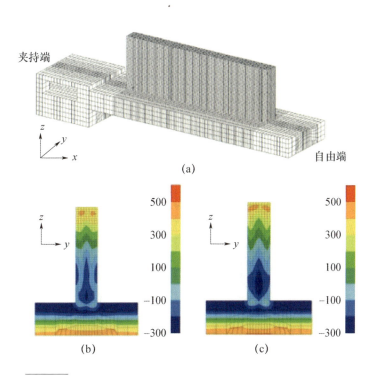

图 8-20 不锈钢试样中心截面处的单向残余应力中子衍射结果
(a)样品示意图;(b)为铺层间无延时;(c)为 40s 延时。

铝合金试样不同位置的三向残余应力中子衍射结果如图 8-21 所示。从图中可以看到，利用中子衍射是目前测量增材制造制件残余应力的研究热点，但具有该能力的机构数量极为有限，尚未有国内的类似研究报道。

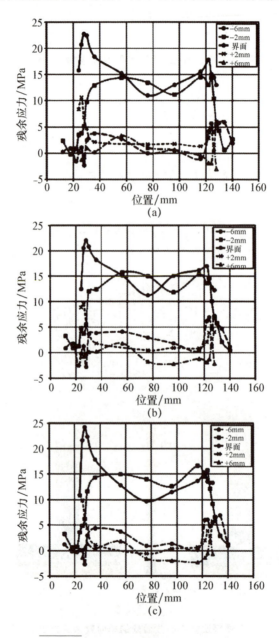

图 8-21　铝合金残余应力中子衍射结果

参考文献

[1] RENDLER N J,VIGNESS I. Hole–drilling strain–gage method of measuring residual stresses[J]. Experimental mechanics,1966,6(12):577–586.

[2] JHANG K Y,QUAN H H,HA J,et al. Estimation of clamping force in high–tension bolts through ultrasonic velocity measurement[J]. Ultrasonics,2006,44:1339–1342.

[3] JAVADI Y,NAJAFABADI M A,AKHLAGHI M. Residual stress evaluation in dissimilar welded joints using finite element simulation and the LCR ultrasonic wave[J]. Russian Journal of Nondestructive Testing,2012,48(9):541–552.

[4] 王寅观,曲家榘. 利用 Rayleigh 表面波无损检测热套圆盘的平面残余应力的研究[J]. 声学学报,1999,24(1):53–58.

[5] 刘金娜,徐滨士,王海斗,等. 材料残余应力测定方法的发展趋势[J]. 理化检验-物理分册,2013,49(10):677–682.

[6] 蒋刚,谭明华,王伟明,等. 残余应力测量方法的研究现状[J]. 机床与液压,2007,35(6):213–216.

[7] 李晨,楼瑞祥,王志刚,等. 残余应力测试方法的研究进展[J]. 材料导报,2014(S2):153–158.

[8] 陈忠安,孙国超,赵玉津,等. 环芯法测定残余应力适用范围的拓展[J]. 机械工程材料,2015,39(12):47–50.

[9] 孙渊,王庆明,夏风芳,等. 残余应力测量法中压痕标定实验的分析[J]. 机械制造,2006,44(8):70–72.

[10] 周科衡,林超洪,王超,等. 盲孔法及压痕法在小湾水电站中的应用[J]. 水力发电,2009(9):81–83.

[11] 唐志涛,刘战强,艾兴,等. 基于裂纹柔度法的铝合金预拉伸板内部残余应力测试[J]. 中国有色金属学报,2007,17(9):1404–1409.

[12] 张旦闻,刘宏昭,刘平. 裂纹柔度法在 7075 铝合金板残余应力检测中的应用[J]. 材料热处理学报,2006,27(2):127–131.

[13] 任凤章,罗玉梅,张伟,等. 喷丸残余应力裂纹柔度法与 X 射线法对比研究[J]. 材料热处理学报,2015,36(9):186–190.

[14] 陈玉安. 铍材 X 射线残余应力无损测定原理和方法[D]. 重庆:重庆大学,

2002.

[15] 奂永慧,徐平光,殷匠.角度分散法中子衍射应力测试技术的应用[J].理化检验-物理分册,2012,48(4):235.

[16] 王磊,回丽.摩擦搅拌焊接过程残余应力的中子衍射法测量分析[J].无损检测,2012,34(6):33-36.

[17] 李峻宏,高建波,李际周,等.中子衍射残余应力无损测量与谱仪研发[J].无损检测,2010,32(10):765-769.

[18] 姚凯,王正道,丁克勤.磁测残余应力研究进展[C].郑州:北京力学会学术年会,2009.

[19] FRUTOS E,MULTIGNER M,GONZALEZ-CARRASCO J L. Novel approaches to determining residual stresses by ultramicroindentation techniques:Application to sandblasted austenitic stainless steel[J]. Acta materialia,2010,58(12):4191-4198.

第 9 章　增材制造制件缺陷评判标准的建立

9.1　概述

增材制造制件内部缺陷是制约增材制造工艺发展的瓶颈问题之一。基于增材制造逐点扫描熔化、逐线扫描搭接、逐层累积成形的技术原理，金属材料在高能束作用下历经复杂的热力学行为，在加热熔化、熔池流动、冷却凝固的循环往复过程中，受扫描参数、粉体材料、温度等诸多条件的影响，一旦成形参数选择不合理，成形件中不可避免地会产生缺陷，影响成形件的使用性能。因此，安全可靠的质量评价是推动增材制造技术走向应用的重要环节。无损检测技术在不损害被检对象的前提下，可对被检件存在缺陷情况进行评价，成为备受瞩目和期待的一个质量评价手段。

无损检测技术的应用首先依赖于可靠的检测技术确保发现缺陷和量化评价缺陷，然后需要依据评判标准对制件做出合格与否的评判或处理。在增材制造产品应用初期，大多参照其所替代的锻件或铸件的验收标准进行产品验收，但是越来越多的研究表明，增材制造成形材料的组织有特殊的方向性和特点，与锻件或铸件有很大的差异，同时，成形过程所产生缺陷在尺寸、位置的分布上也与锻件和铸件不同，采用锻件或铸件的验收标准存在很大的隐患。2014 年，NASA 在一份研究报告中提出，希望建立基于无损评价的增材制造产品验收及许用性能数据库，以推动增材制造制件的工程化应用[1]。因此，明确增材制造制件中缺陷对力学性能的影响规律，建立专用于增材制造制件的缺陷无损检测评判标准，是保证增材制造制件使用安全性的重要前提，也是增材制造制件走向工程化应用的基础。

本章将从增材制造工艺的主要缺陷类型及其特征入手，简要介绍国内外在缺陷对力学性能的影响方面的最新研究成果，并重点介绍北京航空材料研究院在增材制造钛合金制件缺陷无损检测评判标准方面的研究。

9.2 主要增材制造工艺的缺陷特征和类别

9.2.1 主要缺陷的类别

金属增材制造制件在制造和使用过程中不可避免地会产生缺陷,美国空军研究实验室的 Kobryn,英国伯明翰大学的 Wu 及曼彻斯特大学的 Dutta 等[2-4]分别在 TC4 钛合金及 316L 不锈钢激光增材制造制件内部观察到了气孔及熔合不良缺陷,图 9-1 所示为典型缺陷的形貌。西北工业大学的张凤英等[5]采用微观分析方法,研究了钛合金激光熔粉沉积过程中缺陷形成原理及影响因素,发现成形件内部存在气孔和熔合不良缺陷,气孔是否形成主要取决于粉末材料的特性,熔合不良缺陷则主要由成形工艺参数控制不当引起。西北有色金属研究院的汤慧萍[6]等针对电子束选区熔化技术进行深入研究,发现成形件内部存在气孔、未熔合、变形、开裂等缺陷,主要与成形工艺不当及粉末原料等有关。

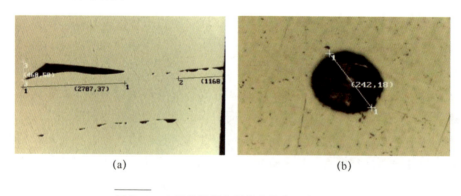

图 9-1 金属增材制造制件中的典型缺陷形貌
(a)未熔合;(b)气孔。

总体来说,在增材制造工艺过程中产生的典型缺陷类型主要有气孔、未熔合和裂纹 3 种[7]。

气孔缺陷形状比较规则,多为球状,尺寸一般较小。此类缺陷多是由于能量输入过多或工艺过程不稳定导致气体残留熔池内部形成的。一方面,成形过程中材料熔化和凝固速度极快,熔池内气体在凝固过程中未能及时溢出;

另一方面，熔化过程中熔池温度较高，气体在熔池内部溶解度较高，随着熔池的冷却，温度降低，溶解度减小，增加了气体残留的可能[8]。此外，粉体材料在制备过程中内部本身可能存在气孔，制备过程处在氩气保护范围内，在凝固过程中不可避免会有微量的氩气包含在内部[9]。对于铺粉式工艺，粉床本身较松散，粉末之间会存在部分气体；而对于送粉式工艺，其成形过程受送粉气体流速的影响，保护气体容易卷入熔池，成为熔池内气体的来源。受成形条件的影响，气孔类缺陷一般在成形件内部随机分布，难以彻底消除。

未熔合缺陷形状不规则，且尺寸较大，缺陷处通常包含较多的未熔化粉末颗粒，这类缺陷主要是由于成形过程中能量输入不足，粉体材料未完全熔化或熔融金属搭接不足形成的[10]。在成形过程中，当能量输入不足时，熔池宽度不足，各扫描线间未能形成良好的搭接，导致相邻扫描线间存在大量未熔颗粒，在后一层的沉积过程中，如果保持前一层所用的能量输入不变，则很难将扫描线之间残余粉末熔化，从而形成较大的未熔合孔洞缺陷。另外，若能量输入不足导致熔池深度不够时，层与层之间难以形成紧密重熔，导致层间结合不良，形成较大的层间未熔合缺陷。此外，在已生成未熔合孔洞缺陷的地方，随着后续沉积过程的进行，缺陷处表面质量较差，熔融金属流动性差，使得缺陷逐渐向上扩展，形成尺寸较大的穿层缺陷[11]。因此，未熔合缺陷多包含未熔化粉末，且分布于各扫描线及各沉积层之间。

裂纹是增材制造过程中破坏性最大的一种缺陷，裂纹缺陷的产生是材料物理性能和残余应力综合作用的结果。在成形过程中，材料局部区域能量输入较高，使得熔池及其附近部位被迅速加热并局部熔化。这部分因受热而膨胀的材料受到周围温度较低区域的约束，产生压应力。同时，由于温度升高后材料屈服强度下降，使得这部分受热区域的压应力值会超过其屈服强度，从而转变成塑性的热压缩，冷却后就比周围区域相对缩短、变窄或减小，同时在凝固冷却时受到基体材料冷却收缩的约束，在熔覆层中形成残余应力[12]。当残余应力超过材料强度极限时，则会导致裂纹的产生。对于不锈钢和镍基高温合金等传导系数较低，热膨胀系数较高的金属材料，更易出现裂纹缺陷。通过对基板进行适当的预热，提高成形时环境温度，从而降低工件成形时的冷却速度，减小成形件中的温度梯度，可以减少裂纹缺陷的产生[13]。

9.2.2 成形工艺对缺陷特征的影响

国内外研究者在成形工艺对增材制造缺陷特征的影响方面做了许多探讨。

研究表明,对缺陷形成有显著影响的是能量输入大小,粉体材料及扫描方式。

1. 能量输入对缺陷特征的影响

在增材制造过程中,能量输入多少直接决定粉末的熔化状况、熔融金属液的流动,对缺陷的类型和大小有显著影响。Gong 等[14]通过改变成形工艺中的扫描速度和激光功率,对不同能量输入条件下 Ti-6Al-4V 成形件内部缺陷产生情况进行了研究。结果表明,当能量输入过多时,缺陷形态较为规则,分布较为随机;当能量输入不足时,粉末颗粒熔化不足,熔池出现不连续,会产生大量的未熔合孔洞缺陷。Song 等[15]对不同工艺参数条件下 Ti-6Al-4V 成形件的表面质量进行了研究发现,当能量输入过多时,成形件表面易出现裂纹缺陷;当能量输入不足时,成形件表面出现熔池间断,形成熔合不良缺陷。Vandenbroucke 等[16]通过改变扫描速度和扫描间距,对不同能量输入条件下的 Ti-6Al-4V 成形件内部缺陷进行了研究,研究结果表明随着能量输入的增高,成形件内部缺陷减少,成形件致密度最高可达 99.98%。王迪等[17]研究了能量输入对增材制造成形不锈钢零件单道、多道及多层工艺的影响,并且对成形过程中的球化现象产生原理进行了详细分析,通过单道和多道工艺分析得到了较好的块体成形工艺参数。张凤英等[5]用激光功率、扫描速度、扫描间距、Z 轴提升量等工艺参数对钛合金成形件成形质量的影响进行了研究,研究结果发现由于钛合金本身所特有的优良的塑性性能,其成形件很少出现裂纹缺陷,但是成形件内部微气孔及熔合不良等缺陷的形成与能量输入、搭接率和 Z 轴提升量显著相关。

2. 粉末原料的影响

增材制造工艺对粉末颗粒形状和大小具有较高的要求。不同的制粉方式(水雾化、气雾化、等离子旋转电极法、电解法等)制备出的粉末形状和大小不同,其流动性及对能量的吸收作用也各有差异,对缺陷形成具有显著影响。Ahsan 等[18]对气雾化和等离子旋转电极两种不同工艺方法制备的 Ti-6Al-4V 钛合金粉末的激光增材制造成形件进行了比较,研究结果表明成形件内部缺陷多为球形气孔缺陷,含量较少,孔隙率在 0.03% 以下,多分布在成形件底部,且等离子旋转电极工艺制备的金属粉末球形度更好,内部缺陷较气雾化粉末少。Li 等[19]对水雾化和气雾化两种不同方式制造的 316L 粉末进行分析,气雾化粉末多为规则球形,水雾化粉末呈不规则条状。研究结果表明在一定工艺条件下,由于气雾化粉末形状呈规则球状,粉体封装密度较好,流动性好,并且氧含量较少,在成形过程中润湿性较好,因此成形件密度较高,缺陷含量较少。而水雾化粉末形状呈不规则条状,且氧含量较高,在成形过程中产生氧化物杂质,缺陷较多,成形件致密度较低。王黎等[20]对不同粒径大小的 316L 不锈钢粉末成形件的质量进行了研究,研究结果表明在一定成形条件下,平均粒径小的粉末比平均粒径大的粉末成形质量好,缺陷较少,致密度较高。

3. 扫描方式的影响

扫描方式直接影响能量在粉体材料中的传递、材料的熔化和凝固,对缺陷的分布位置有显著影响。增材制造工艺的扫描方式通常有单向扫描、"之"字形扫描和正交扫描 3 种,如图 9-2 所示。对于单向扫描和"之"字形扫描,在起始端和末端高能束功率不稳定,扫描速度较低,能量输入较高,导致熔池不稳定,极易产生缺陷[21]。采用正交扫描使各方向能量输入更加均衡,可以避免同一位置缺陷的累积,提高成形件致密度。Concept Laser 公司提出一种"岛型"扫描方式[22],一方面首先对成形区域进行分割,再对逐个区域扫描且各成形层间错开一定的距离,避免工艺过程中同一位置产生缺陷累积形成较大的缺陷;另一方面使成形件中残余应力更加均衡,减少裂纹缺陷。杨永强等[23]针对单向扫描方式中扫描线之间由于搭接率问题产生较多未熔合孔洞缺陷情况,提出层间错开正交扫描方式,在一层扫描沉积完成后,下一层对扫描线间搭接处进行扫描熔化,使搭接处形成良好的重熔区域,粉体材料充分熔化;再采用正交扫描方式,使各方向能量输入均衡,减少扫描线间未熔合缺陷的产生。

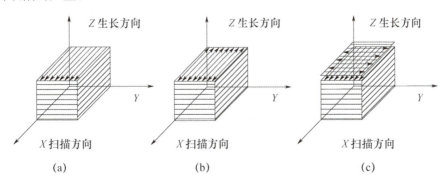

图 9-2 增材制造工艺典型扫描方式

(a)单向扫描;(b)"之"字形扫描;(c)正交扫描。

9.3 缺陷对力学性能的影响

目前针对金属增材制造制件力学性能的研究，主要集中于不同牌号材料成形件的拉伸、高温持久、疲劳等性能，以及增材制造制件力学性能与锻件的对比等[24-27]。西北工业大学、北京航空航天大学等单位在增材制造钛合金及高强钢的力学性能方面开展了大量试验，研究结果表明，增材制造制件的力学性能达到或接近锻件水平，部分性能甚至优于锻件[28-30]。美国得克萨斯大学的 Murra 等[31-32]对比了电子束熔丝成形及激光选区熔化 TC4 钛合金与传统锻件和铸件的力学性能，发现增材制造 TC4 钛合金制件的性能与锻件相当。

上述研究工作均未考虑制件内部可能存在的缺陷对力学性能的影响。目前，国外已有研究者开始研究增材制造制件中缺陷对力学性能的影响规律，但相关数据仍缺乏系统性，远远达不到形成缺陷评判标准的层次，需要继续开展更加深入的研究工作。

Kobryn 等[33]对激光增材制造 Ti－6Al－4V 成形件的力学性能进行了研究，结果表明在工艺参数选择不合理时，成形件内部容易产生缺陷并且沿层间分布，导致成形件沿生长方向的拉伸性能较低，伸长率仅为 1%。Alcisto 等[34]研究了不同表面质量的激光增材制造 Ti－6Al－4V 成形件的拉伸强度，由于表面粘接粉末颗粒、局部凹陷等缺陷的存在，表面未经处理的成形件拉伸性能远远低于锻件水平，表面经过机械加工后拉伸性能显著增加。

材料中的缺陷除对其拉伸性能有影响之外，对材料的疲劳性能影响更为明显。由于成形件内部的缺陷无法彻底消除，在动态周期载荷作用下缺陷处产生应力集中，不仅成为疲劳裂纹产生源而且加速疲劳裂纹的扩展，从而大大降低成形件的疲劳寿命；而且成形件中缺陷分布较多，都有可能成为疲劳裂纹产生源，使得疲劳寿命更加分散，难以达到稳定性的要求，严重制约着增材制造制件的使用。因此，缺陷对于增材制造制件疲劳性能的影响，也成为倍受关注的问题之一。

图 9－3 所示为美国国防部先进研究计划署（Defense Advanced Research Projects Agency，DARPA）和 AeroMet 公司对不同激光增材制造状态（激光成形态，激光成形＋热等静压，激光成形＋开模锻造）下 Ti－6Al－4V 增材制

造制件、铸件及锻件疲劳性能的测试结果。其中，热等静压技术是一种传统粉末冶金或铸造中常用的技术手段，通过对成形件进行热处理的同时施加较高压力，使成形件中部分较小缺陷闭合，从而减少缺陷数量，提高致密度。从图中可以看出，激光增材制造成形件的疲劳性能优于传统铸件，但仍然低于锻件。热等静压和开模锻造等致密化处理可在一定程度上提高成形件疲劳性能，但仍然与传统锻件水平有一些差距。

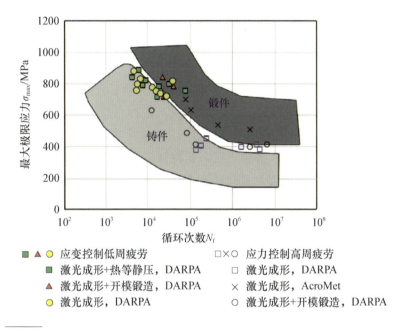

图9-3　不同状态（激光成形态，激光成形＋热等静压，激光成形＋开模锻造）下 Ti-6Al-4V 增材制造制件、铸件和锻件的疲劳性能的测试结果

Gong 等[35]对不同数量、类型缺陷在钛合金激光和电子束选区熔化成形件疲劳性能的影响进行了研究。结果发现，对于尺寸在 70 μm 以下的球形气孔缺陷，孔隙率小于 1% 时，对成形件疲劳性能影响不大；当孔隙率达到 5% 时，成形件疲劳寿命下降显著；而对于尺寸在 100 μm 以上的未熔合孔洞缺陷，孔隙率达到 1% 时，成形件疲劳寿命下降已经十分明显，当孔隙率达到 5% 时，疲劳性能严重降低并且分散趋势较小，此时缺陷已经成为制约疲劳性能的主要因素。

Kasperovich 等[36]对不同处理方式（初始成形件，表面加工后，热处理，热等静压处理)下激光选区熔化增材制造成形件的疲劳寿命进行了研究。研究结果表明成形件表面经过加工后疲劳寿命有所增加；而采用热处理手段只是改变了成形件的微观组织，并不能显著改善缺陷的存在状况，因此疲劳寿命增加不大；采用热等静压技术使得一定尺寸的缺陷在高温高压下闭合，减少了缺陷数量，疲劳寿命显著提高，并且经过表面加工和热等静压处理后，成形件的疲劳寿命可提高到锻件水平。

Liu 等[37]在激光选区熔化增材制造钛合金成形件中缺陷对疲劳性能的影响进行了研究，探究了铺粉厚度及成形方向(垂直，水平)对缺陷形成及疲劳强度的影响。研究结果表明大量缺陷产生在工件表面或近表面处，由于粉末未熔化形成的较大缺陷对成形件疲劳强度影响显著，并且缺陷位置、尺寸、形状都对疲劳强度有重要影响。

Leuders 等[38-40]对激光选区熔化增材制造钛合金成形件的力学性能及疲劳裂纹扩展机制进行了研究。结果表明，孔洞缺陷对材料的疲劳寿命有重要影响，减少孔洞缺陷可显著提高成形件的疲劳寿命。尤其在疲劳裂纹初始(萌生)阶段，存在孔洞缺陷的位置将产生应力集中，缺陷尺寸越大，应力集中越严重，从而产生疲劳裂纹，降低成形件的疲劳寿命。

9.4 缺陷无损检测判定标准的建立

本节将以北京航空材料研究院在增材制造缺陷无损检测评判标准建立方面所做的探索为例，介绍缺陷无损检测评判标准的研究方法[41]。

9.4.1 总体实现过程

首先采用超声检测方法进行缺陷的多次精确定位，制作含有缺陷的激光熔粉直接沉积和电子束熔丝沉积增材制造钛合金材料疲劳性能试样，保证缺陷位于疲劳试样工作段；其次开展高周疲劳试验，观察断口判断试样断裂原因，统计缺陷与疲劳性能的关系，按照疲劳寿命并结合缺陷种类、尺寸、位置等，对激光熔粉和电子束熔丝增材制造钛合金材料进行缺陷分级评价，为缺陷无损检测评判标准的建立提供参考数据。

9.4.2 激光熔粉沉积增材制造制件缺陷对疲劳寿命的影响

1. 试验过程与方法

1)试样制备

由于增材制造工艺不同成形方向的材料性能存在差异，因此应分别沿沉积方向（Z 向）和垂直于沉积方向进行力学性能试样取样，便于分析不同成形方向的缺陷对力学性能的影响，试样制备流程如图 9-4 所示。首先采用水浸聚焦探头、在尽可能高的检测灵敏度下，使声束分别平行和垂直于 Z 向入射，对整块激光熔粉增材制造 TC11 钛合金材料进行水浸聚焦超声 C 扫描检测，根据扫查得到的 C 扫描图像，选择典型缺陷并以该缺陷为中心加工长方体试样；对长方体试样进行二次 C 扫描检测，精确确定缺陷位置，并以该位置为中心，进一步加工为疲劳性能试样。共制作轴向沿 Z 向疲劳试样 43 根，轴向垂直于 Z 向疲劳试样 26 根，其中包含 20 根超声检测无缺陷试样作为比对。

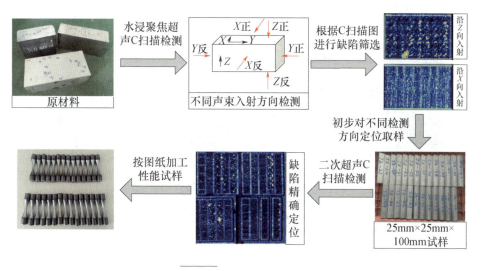

图 9-4 试样制备流程

2)试验方法

在室温下按照相关力学性能测试标准，在高频疲劳试验机上对制作的试样进行高周疲劳试验。然后在体视显微镜下观察并记录断口的整体形貌，并进行断裂源分析。最后，在扫描电镜上进行断口缺陷性质分析，以及缺陷尺寸和位置的精确测量。

2. 试验结果与分析

1) 超声检测结果与断口缺陷对比

针对所制作的 69 根激光增材制造疲劳性能试样进行了断口观察和断裂源分析,发现断口处的主要缺陷类型为气孔和未熔合,并且这两类缺陷也是主要的断裂源。典型缺陷的断口形貌如图 9-5 所示。从图中可以看出,气孔在沿 Z 向和垂直于 Z 向两个方向观察均呈圆孔形态;未熔合缺陷在轴向沿 Z 向的试样断口中呈不规则片状分布,在轴向垂直于 Z 向的试样断口中呈长条状分布,可以判断未熔合缺陷多为垂直于材料 Z 向成片状分布。对上述疲劳试样断口处的缺陷特征进行统计分析,并与超声检测结果进行了对比。

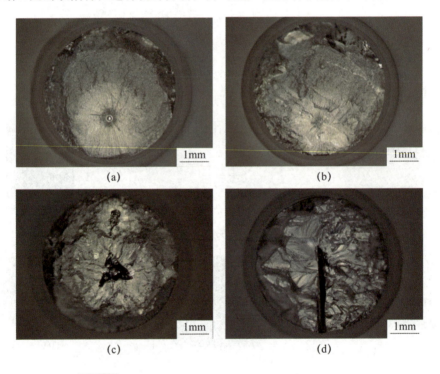

图 9-5 激光增材制造 TC11 钛合金典型缺陷断口形貌

(a) 沿 Z 向试样内部单个气孔;(b) 垂直 Z 向试样内部单个气孔;
(c) 沿 Z 向试样内部未熔合;(d) 垂直 Z 向试样内部未熔合。

(1) 超声检测为无缺陷的试样。

超声检测为无缺陷的试样共 20 根,其中轴向沿 Z 向试样 11 根,垂直于 Z 向试样 9 根。经观察,该类试样断口横截面内部或边缘存在小尺寸气孔缺陷，是引起断裂的主要原因。试样内部气孔平均尺寸为101μm，边缘气孔平均尺寸为85μm。在本超声检测试验采用ϕ0.4mm当量的检测灵敏度下，这么小的缺陷很难发现，典型断口形貌如图9-6所示。

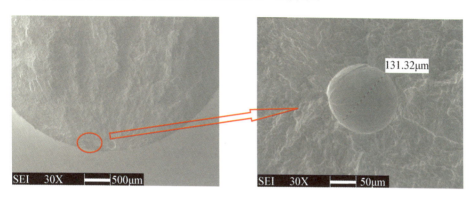

图9-6 超声检测无缺陷试样断口处的微气孔

根据以上分析可知，对于超声检测为无缺陷的试样，其疲劳断裂由内部微小气孔引起，气孔尺寸范围为几十微米到一百多微米，且引起断裂的边缘气孔尺寸小于内部气孔尺寸。

(2) 超声检测为有缺陷的试样。

超声检测为有缺陷的试样共49根，其中轴向沿Z向32根，垂直Z向17根。经观察，引起断裂的主要缺陷类型为边缘气孔、内部气孔、未熔合等。

引起断裂的边缘气孔尺寸多在200μm以下，这类缺陷尺寸过小，仅因为其位置靠近边缘而引起断裂。在本试验采用的ϕ0.4mm灵敏度下不能检测出来，不是预制在试样中的缺陷。因此，这类缺陷尺寸与超声检测结果没有可比性。

单个气孔缺陷的A扫描波形为清晰单个信号，在C扫描图像中则表现为颜色由中心向四周均匀变化的圆形显示，如图9-7所示。

经观察存在内部气孔的断口发现，引起断裂的内部气孔尺寸一般较大，多在300μm以上。图9-8所示为这类缺陷断口测量尺寸与超声检测结果的对比。图中，1~7数据为轴向沿Z向试样，8~10数据为轴向垂直Z向试样。由图9-8可知，超声检测对激光增材制造TC11钛合金中气孔缺陷的评定结果，普遍大于由断口直接测量的尺寸。可能的原因是，缺陷的尺寸远小于超声波波长，按圆形平面缺陷反射理论关系计算的缺陷当量尺寸误差较大。

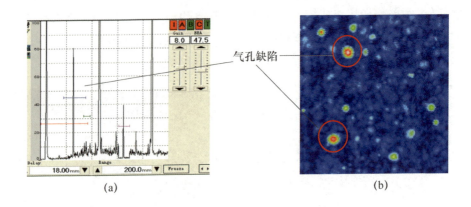

图 9-7 内部单个气孔的超声检测特征

(a)A 扫描波形；(b)C 扫描图像。

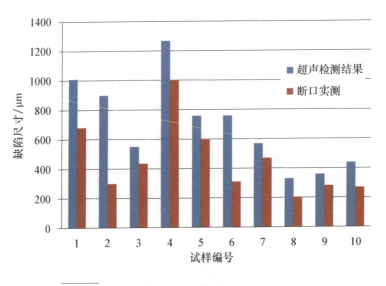

图 9-8 缺陷断口测量尺寸与超声检测结果的对比

未熔合缺陷的典型超声 A 扫描波形和 C 扫描图像如图 9-9 所示，与单个气孔缺陷不同，未熔合缺陷的 A 扫描波形表现为一个较高单显信号前后伴随众多杂乱信号，C 扫描图像中的缺陷显示则为不规则形状。

经断口观察发现，引起断裂的未熔合缺陷的断口实测尺寸主要集中在 1～3mm 范围内。在超声检测结果中，声束沿 Z 向入射，未熔合缺陷反射幅度为 $\phi 0.8 - 9.5 dB \sim \phi 0.8 + 10 dB$，换算成圆形缺陷尺寸直径为 460～1100 μm；

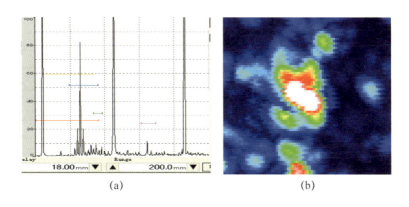

图 9-9 未熔合缺陷的超声检测特征

(a)A 扫描波形；(b)C 扫描图像。

声束垂直 Z 向入射，未熔合缺陷反射幅度为 $\phi 0.8-13\mathrm{dB} \sim \phi 0.8-9.5\mathrm{dB}$，换算成圆形缺陷尺寸直径为 $380 \sim 460 \mu\mathrm{m}$。由此可知，对于未熔合缺陷，超声评定结果远小于缺陷实际尺寸。

其原因主要为：①声束沿 Z 向入射，当未熔合缺陷表面不平整时，探头只能接收到缺陷局部的反射信号，将导致定量结果偏小；②声束沿 Z 向入射，当未熔合缺陷表面平整时，若缺陷平面不与声束入射方向垂直，垂直入射的声束以一定角度被反射，导致探头接收到的反射声束能量很低；③试验采用的探头焦点尺寸仅为 1.1mm，对尺寸与焦点尺寸相当或远大于焦点尺寸的缺陷不能由幅度上产生明显反应，导致超声评定结果偏小；④声束垂直 Z 向入射时，未熔合缺陷的反射面为一侧面，将使定量结果偏小。

2）缺陷特征对疲劳寿命的影响

对上述试样按缺陷特征进行分类，分析每类试样中断裂源缺陷的分布及尺寸特征，得到缺陷特征与疲劳寿命关系的拟合曲线如图 9-10 所示。

(1)表面开口气孔缺陷。

由图 9-10(a)可知，表面开口气孔缺陷的尺寸与疲劳寿命成近似幂函数关系，疲劳寿命随气孔尺寸增大而减小。通过拟合曲线还可看到，带有尺寸大于 60μm 表面气孔缺陷的试样整体疲劳寿命不高，小于 10^5 周次；相同尺寸表面开口气孔对应的垂直于 Z 向的疲劳寿命略低于沿 Z 向的疲劳寿命；当缺陷尺寸小于 300μm 时，缺陷尺寸增大对疲劳寿命降低的影响较大，缺陷尺寸大于 300μm 时该影响则趋于平缓。

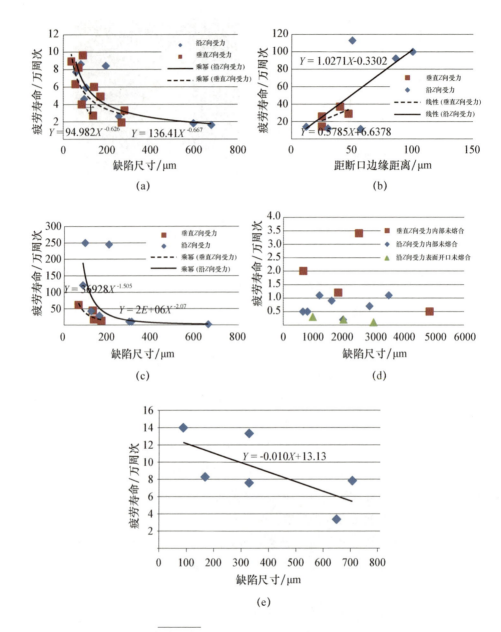

图 9 – 10 缺陷特征对疲劳寿命的影响

(a) 表面开口气孔尺寸与疲劳寿命；(b) 近表面气孔位置与疲劳寿命；
(c) 内部单个气孔尺寸与疲劳寿命；(d) 未熔合缺陷尺寸与疲劳寿命；
(e) 内部多个气孔尺寸与疲劳寿命。

(2) 近表面气孔缺陷。

对于近表面气孔缺陷(距表面距离小于 100 μm 的气孔),在本研究的数据样本中气孔尺寸基本都小于 100 μm,经比较,气孔尺寸与疲劳寿命之间没有明显对应关系,而气孔距表面的距离与疲劳寿命成近似正比关系,其疲劳寿命为 $10^5 \sim 10^6$ 周次,且疲劳寿命随气孔距表面距离减小而降低;对于同一位置缺陷,垂直于 Z 向疲劳寿命略低于沿 Z 向疲劳寿命,如图 9-10(b)所示。

(3) 内部单个气孔缺陷。

对于内部气孔缺陷(距表面距离大于 100 μm 的气孔),在本研究的数据样本中气孔尺寸基本为 80~660 μm。经比较,气孔距表面距离与疲劳寿命之间没有明显对应关系,气孔尺寸与疲劳寿命呈近似幂函数关系。如图 9-10(c)所示,内部单个气孔的疲劳寿命随气孔尺寸增加而降低,变化范围可跨越 $10^4 \sim 2 \times 10^6$ 周次;对于相同尺寸的内部气孔,垂直于 Z 向疲劳寿命略低于沿 Z 向疲劳寿命。

(4) 未熔合缺陷。

对于未熔合缺陷,本研究的数据样本中缺陷尺寸为 660~4800 μm,位置包含试样表面和试样内部未熔合,缺陷尺寸与疲劳寿命之间的关系如图 9-10(d)所示。从图中可以看出,由于未熔合缺陷尺寸较大导致其性能普遍较差,大部分试样疲劳寿命均低于 1.5×10^4 周次,个别达到 3.5×10^4 周次;其中,表面开口的未熔合缺陷疲劳寿命低于 5×10^3 周次。未熔合缺陷的尺寸与疲劳寿命没有明显对应关系,可能是由于未熔合缺陷形态不规则,导致对性能的影响程度不同所致。

(5) 内部多个气孔缺陷。

针对含有内部多个气孔的样本进行了曲线拟合。在筛选样本时,对于断口内同时存在未熔合和多个气孔,且断裂源为未熔合的样本,以及同时存在边缘气孔和多个内部气孔,且断裂源为边缘气孔的样本,不在分析之列。另外,由于筛选后保留的数据样本有限,且沿 Z 向受力和垂直 Z 向受力的疲劳寿命变化趋势基本一致,因此,本部分分析不再区分试样受力方向。拟合得到的曲线如图 9-10(e)所示,其中,缺陷尺寸是将多个气孔的面积累加后,再等效为单个气孔的直径。因此,缺陷尺寸与疲劳寿命近似成线性关系,疲劳寿命随等效缺陷尺寸的增大而减小。

根据以上分析,对激光熔粉增材制造 TC11 钛合金材料缺陷对疲劳性能的影响归纳为图 9-11。由图 9-11 可知，未熔合缺陷对材料性能影响最大，存在 650μm 以上未熔合缺陷的试样，高周疲劳寿命降低到 $5×10^4$ 周次以下；存在 60～680μm 范围内表面开口气孔的情况下，高周疲劳寿命为 10^4～10^5 周次；内部单个气孔尺寸不大于 400μm 时，对材料性能影响较小，高周疲劳寿命可达到 10^5 周次以上。

类型	尺寸 /μm	距边缘距离 /μm	疲劳寿命/万周次				
			0	1	10	100	1000
无缺陷							
内部单个气孔	<100	<250					
	100～200	>100					
	300～400	>1000					
	661	1000					
表面开口气孔(尺寸 60～1000μm)							
多个气孔(尺寸 90～450μm)							
未熔合(尺寸 650～3500μm)							

图 9-11 激光熔粉增材制造 TC11 钛合金材料缺陷对疲劳性能的影响

因此，不同类型、尺寸和位置的缺陷对材料疲劳寿命的影响程度不同，超声检测结果可在一定程度上反映材料内部缺陷特征。

3) 缺陷评价分级方法制定

由于声束沿材料 Z 向入射是对所有缺陷的有利检测方向，因此主要针对沿材料 Z 向的缺陷进行分级评价。含缺陷材料垂直 Z 向的高周疲劳寿命略低于沿 Z 向的高周疲劳寿命，但相差不多，可参考沿材料 Z 向的分级评价结果。

按材料疲劳寿命情况，拟将质量验收等级定义为 3 个级别：A 级（高周疲劳≥10 万周次）、B 级（1 万周次≤高周疲劳<10 万周次）、C 级（高周疲劳<1 万周次）。下面以 A 级为例，给出该级别下对于不同类型缺陷具体要求的确定方法，其他级别可参考该方法确定。

首先，在表 9-1 中，出现未熔合缺陷的，性能基本低于 1.5 万周次，故 A 级不允许存在未熔合缺陷；另外，高密夹杂属于严重缺陷，在钛合金锻件中不允许存在，此处参考锻件的要求，对于增材制造制件也不允许存在高密夹杂类缺陷。

针对内部单个气孔，根据表 9-1，当内部单个气孔缺陷小于 400μm 时，高周疲劳寿命大于 10 万周次，故 A 级中不允许存在大于 $\phi 0.4\text{mm}$ 的单个内部气孔；针对内部多个气孔，按图 9-10(e)中拟合曲线 $Y = -0.010X + 13.13$ 计算，当疲劳寿命为 10 万周次时，计算得到的缺陷等效尺寸约为 0.3mm，故 A 级中不允许存在等效尺寸大于 $\phi 0.3\text{mm}$ 的内部多个气孔；在表 9-1 中，含有表面气孔的试样疲劳寿命均低于 10 万周次，因此，A 级不允许存在表面气孔缺陷。

以上仅是基于缺陷特征和疲劳寿命的分级考虑，实际制件的缺陷评判标准还需依据制件的使用性能要求，综合多方因素确定。

9.4.3 电子束熔丝沉积增材制造制件缺陷对疲劳寿命的影响

电子束熔丝增材制造材料的研究过程与激光增材制造类似，这里不再进行详细说明，只列出主要数据及结论。

共制作电子束熔丝沉积增材制造疲劳性能试样 29 根，其中沿沉积方向 5 根，垂直于沉积方向 24 根，材料牌号为 TC18。图 9-12 所示为试样疲劳寿命分布情况的统计结果。

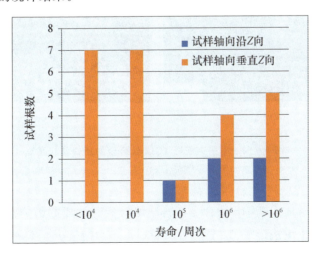

图 9-12 电子束 TC18 疲劳寿命分布统计结果

对于 29 根电子束 TC18 试样,疲劳寿命大于 10^6 的有 7 根,占总试样数量的 24%;疲劳寿命在 $10^5 \sim 10^6$ 之间的有 8 根,占总试样数量的 28%;疲劳寿命小于 10^5 的,有 14 根,占总试样数量的 50%。

对 TC18 电子束熔丝增材制造试样也进行了断口分析,图 9-13 所示为断口上的气孔缺陷,其分布规律与激光增材制造试样类似。图 9-14 所示为断口柱状晶。

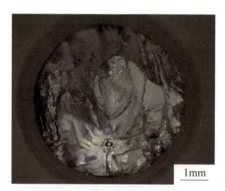

图 9-13
电子束成形 TC18 钛合金的断口缺陷

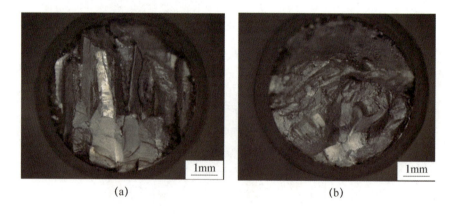

图 9-14 电子束成形 TC18 钛合金的断口柱状晶
(a)垂直 Z 向试样断口柱状晶截面;(b)沿 Z 向试样断口无明显柱状晶。

电子束熔丝成形 TC18 钛合金材料缺陷对疲劳性能的影响汇总如表 9-1 所示。对于电子束成形 TC18 钛合金材料,由于数据较少,不易得出规律性结果,今后还需积累更多的数据。

表 9-1 电子束熔丝成形 TC18 钛合金材料缺陷对疲劳性能的影响汇总

类型	尺寸/μm	疲劳寿命/万周次
无缺陷	—	10～1000
单个气孔	>500	3～10
多个气孔①	(156，1036)	1～10
未熔合	>2400	<1

注：①多个气孔尺寸为将断口内各气孔等效为单个气孔后的尺寸。

参考文献

[1] WALLER J M, PARKER B H, HODGES K L, et al. Nondestructive evaluation of additive manufacturing state-of-the-discipline report[R]. Washington, D.C.: NASA WSTF, 2014.

[2] KOBRYN P A, MOORE E H, SEMIATIN S L. The effect of laser power and traverse speed on microstructure, porosity, and build height in laser deposited Ti-6Al-4V[J]. Scripta Materialia, 2000, 43(4): 299-305.

[3] Wu X H, LIANG J, MEI J F, et al. Microstructures of laser deposited Ti-6Al-4V alloy[J]. Materials & Design, 2004, 25(2): 137-144.

[4] DUTTA M J, PINKERTON A, LIU Z, et al. Microstructure characterization and process optimization of laser assisted rapid fabrication of 316L stainless steel[J]. Applied Surface Science, 2005(247): 320-327.

[5] 张凤英,陈静,谭华,等. 钛合金激光快速成形过程中缺陷形成机理研究[J]. 稀有金属材料与工程, 2007, 36(2): 211-215.

[6] 汤慧萍,王健,逯圣路,等. 电子束选区熔化成形技术研究进展[J]. 中国材料进展, 2015, 34(3): 225-235.

[7] 李永涛. 钛合金激光增材制造缺陷研究[D]. 大连: 大连理工大学, 2017.

[8] VILARO T, COLIN C, BARTOUT J D. As-fabricated and heat-treated microstructures of the Ti-6Al-4V alloy processed by selective laser melting[J]. Metallurgical and Materials Transactions A-physical Metallurgy and Materials Science. 2011, 42A(10): 3190-3199.

[9] ABOULKHAIR N T, EVERITT N M, ASHCROFT I, et al. Reducing porosity in AlSi10Mg parts processed by selective laser melting[J]. Additive Manufacturing. 2014, 1(4): 77-86.

[10] LI R, LIU J, SHI Y, et al. 316L stainless steel with gradient porosity fabricated by

selective laser melting[J]. Journal of Materials Engineering and Performance. 2010,19(5):666 - 671.

[11] ZHOU X, WANG D, LIU X, et al. 3D - imaging of selective laser melting defects in a Co - Cr - Mo alloy by synchrotron radiation micro - CT[J]. Acta Material. 2015,98:1 - 16.

[12] 杨健,陈静,杨海欧,等.激光快速成形过程中残余应力分布的实验研究[J].稀有金属材料与工程.2004,(12):1304 - 1307.

[13] CARTER L N, ESSA K, ATTALLAH M M. Optimisation of selective laser melting for a high temperature Ni - superalloy[J]. Rapid Prototyping Journal. 2015,21(4):423 - 432.

[14] GONG H, RAFI K, GU H, et al. Analysis of defect generation in Ti - 6Al - 4V parts made using powder bed fusion additive manufacturing processes[J]. Additive Manufacturing. 2014,1 - 4:87 - 98.

[15] SONG B, DONG S, ZHANG B, et al. Effects of processing parameters on microstructure and mechanical property of selective laser melted Ti - 6Al - 4V [J]. Materials & Design. 2012,35:120 - 125.

[16] VANDENBROUCKE B, KRUTH J. Selective laser melting of biocompatible metals for rapid manufacturing of medical parts [J]. Rapid Prototyping Journal. 2007,13(4):196 - 203.

[17] 吴伟辉,杨永强,王迪.选区激光熔化成型过程的球化现象[J].华南理工大学学报(自然科学版).2010(05):110 - 115.

[18] AHSAN M N, PINKERTON A J, MOAT R J, et al. A comparative study of laser direct metal deposition characteristics using gas and plasma - atomized Ti - 6Al - 4V powders[J]. Materials Science and Engineering:A. 2011,528(25 - 26):7648 - 7657.

[19] GU D, HAGEDORN Y, MEINERS W, et al. Densification behavior, microstructure evolution and wear performance of selective laser melting processed commercially pure titanium[J]. Acta Materialia,2012,60(9):3849 - 3860.

[20] 顾冬冬,沈以赴.基于选区激光熔化的金属零件快速成形现状与技术展望[J].航空制造技术,2012,(08):32 - 37.

[21] THIJS L, KEMPEN K, KRUTH J, et al. Fine - structured aluminium products with controllable texture by selective laser melting of pre - alloyed AlSi10Mg powder[J]. Acta Materialia. 2013,61(5):1809 - 1819.

[22] READ N, WANG W, ESSA K, et al. Selective laser melting of AlSi10Mg alloy:Process optimisation and mechanical properties development [J]. Materials & Design. 2015,65:417 - 424.

[23] 杨永强,宋长辉,王迪.激光选区熔化技术及其在个性化医学中的应用[J].机械工程学报,2014(21):140-151.

[24] 文艺,姜涛,邬冠华,等.3D打印两相钛合金组织性能研究现状[J].失效分析与预防,2016,11(1):42-46.

[25] 杨胶溪,胡星,王艳芳.TC轴承激光增材制造工艺及组织性能研究[J].材料工程,2016,44(7):61-66.

[26] 王忻凯,邢丽,徐卫平,等.工艺参数对铝合金搅拌摩擦增材制造成形的影响[J].材料工程,2015,43(5):8-12.

[27] 杜博睿,张学军,郭绍庆,等.激光快速成形GH4169合金显微组织与力学性能[J].材料工程,2017,45(1):27-32.

[28] 陈静,张霜银,薛蕾,等.激光快速成形Ti-6Al-4V合金力学性能[J].稀有金属材料与工程,2007,36(3):475-479.

[29] 王华明,李安,张凌云,等.激光熔粉沉积快速成形TA15钛合金的力学性能[J].航空制造技术,2008(7):26-29.

[30] 董翠,王华明.激光熔粉沉积300M超高强度钢组织与力学性能[J].金属热处理,2008,33(9):1-5.

[31] MURRA L E,QUINONES S A,GAYTANA S M,et al. Microstructure and mechanical behavior of Ti-6Al-4V produced by rapid-layer manufacturing for biomedical applications[J]. Journal of the Mechanical Behavior of Biomedical Materials,2009,(2):20-32.

[32] MURRA L E,ESQUIVELA E V,QUINONES S A,et al. Microstructures and mechanical properties of electron beam-rapid manufactured Ti-6Al-4V biomedical prototypes compared to wrought Ti-6Al-4V[J]. Journal of the Mechanical Behavior of Biomedical Materials,2009,(60):96-105.

[33] KOBRYN P A,SEMIATIN S L. Mechanical properties of laser-deposited Ti-6Al-4V[J]. Solid Freeform Fabrication Proceedings,2001:6-8.

[34] ALCISTO J,ENRIQUEZ A,GARCIA H,et al. Tensile properties and microstructures of laser-formed Ti-6Al-4V[J]. Journal of Materials Engineering and Performance. 2011,20(2):203-212.

[35] GONG H,RAFI K,GU H,et al. Influence of defects on mechanical properties of Ti-6Al-4V components produced by selective laser melting and electron beam melting[J]. Materials & Design. 2015,86:545-554.

[36] KASPEROVICH G,HAUSMANN J. Improvement of fatigue resistance and ductility of Ti-6Al-4V processed by selective laser melting[J]. Journal of Materials Processing Technology,2015,220:202-214.

[37] LIU Q C,ELAMBASSERIL J,SUN S J,et al. The effect of manufacturing

defects on the fatigue behavior of Ti – 6Al – 4V specimens fabricated using selective laser melting[J]. Advanced Materials Research, 2014, 891 – 892: 1519 – 1524.

[38] LEUDERS S, VOLLMER M, BRENNE F, et al. Fatigue strength prediction for titanium alloy Ti – 6Al – 4V manufactured by selective laser melting[J]. Metallurgical and Materials Transactions A – physical Metallurgy and Materials Science, 2015, 46A(9): 3816 – 3823.

[39] LEUDERS S, LIENEKE T, LAMMERS S, et al. On the fatigue properties of metals manufactured by selective laser melting – the role of ductility[J]. Journal of Materials Research, 2014, 29(17): 1911 – 1919.

[40] LEUDERS S, THÖNE M, RIEMER A, et al. On the mechanical behavior of titanium alloy Ti – 6Al – 4V manufactured by selective laser melting: Fatigue resistance and crack growth performance [J]. International Journal of Fatigue, 2013, 48: 300 – 307.

[41] SHI Y W, YANG P H, LIANG J, et al. Relations among ultrasonic testing results and defect characteristics and material properties of laser additive manufacturing titanium alloy[C]. Berlin: 19th World Conference on Non – Destructive Testing, 2016.